安塞尔姆·格林集

Anselm Grün

《如何过好每一天》

《怎么过上美好生活》

《心灵的平静》

如何过好每一天

Vergiss das Beste nicht-Inspiration für jeden Tag

安塞尔姆·格林（Anselm Grün） 著
安东·里希腾奥尔（Anton Lichtenaue） 编
晏文玲 译

华东师范大学出版社

华东师范大学出版社六点分社　策划

目 录

编者序 / 1

一月 / 1
二月 / 17
三月 / 33
四月 / 53
五月 / 72
六月 / 88
七月 / 105
八月 / 124
九月 / 142
十月 / 160
十一月 / 180
十二月 / 198

编 者 序

安东·里希腾奥尔(Anton Lichtenauer)

童话讲述的大多是人如何对待自身愿望的故事,又或者是人不知道该许什么愿望的故事。打个比方,仙女向农民许诺帮他实现三个愿望,农民许的第一个愿望是希望雨能停下来,希望能有好天气。没有雨,庄稼都不长了,农民心想,第二个愿望得许得精明点儿:下雨只能晚上下。这下可好,守夜人开始抱怨了。于是,农民的第三个愿望是让一切又都恢复原样。格林在讲述这个古老童话的同时,也趁机问了读者一个非常直接的问题:"我们到底有什么愿望?需要什么?追求什么?我们想要赢得的又是什么?"

渴望与梦想是我们人生的发动机。我们有时在一个又一个没有实现的愿望间辗转,一个目标达成后,马上又有新的目标出现。对终极幸福的希望就像地平线一般,随之徘徊不定。有了愿望,人就可以自由地向愿望出发,不在原地停留。内心渴望是一切改变的开端。只专注于实现目标又会使人踟蹰。旁人告诉我们各式各样值得渴望的东西。而最终,我们反而可能迷失于自身愿望的迷宫。

一天终结或一年到头,我们往往会自问:我们是否已达成自己想要的? 我们做得对吗? 如此自省的用意在于检视自己的方向是否还正确。检视自己日常的奔波是否与人生的深意切合,看自己是否在旁人期许与自己人生目标的夹缝间饱受煎熬。

我们总觉得时间不够,因为需要我们拿主意、做取舍的事情实在太多,纷繁芜杂,并且只增不减。仅仅懂得管理时间是远不够的。我们还要给自己的灵魂留一点时间。我们需要暂时一停下,才能弄清楚我们真正想要的,我们的人生现在何处。暂停的这一段时间是我们从忙碌的惯性中退场的时间,是我们对整日奔忙喊停的时间,是我们审视急需解决的是否也是最本质最重要的事情的时间。它让我们看清楚,驱使我们奔忙的,是否确是我们所想要的。

"勿忘自己最好的一面!"本书的目的,正是让这样一种暂停成为一种日常的仪式。书中的文字,我们既可在日暮黄昏时读,去细细聆听当天的旋律是否与我们人生的主旋律合拍,也可在清晨破晓时读,用一种不一样的、明辨的眼光去看待这天将要面对的一切。

格林重新发现了古时僧侣修行常用的说服法。"说服"的意思是,用另外一些积极的力量去抵消那些冲击我们、试图攫取我们心灵的力量,保持对我们所拥有的终极绝对价值的鲜活记忆,以此来抵挡生命无情的消耗——只要我们正确看待自己。不一样的眼光将转化我们的日常生活,拓展我们的生命空间,甚至让我们体验奇迹。

这也是序言开头那个童话要讲的道理:只看到眼前会使人陷入困境的泥潭无法自拔。但一切都是可改变的,只要我们每日省察:我到底有什么愿望?需要什么?追求什么?我想要赢得的又是什么?

每日一则灵修小品,蕴藏漫长基督教传统中实用的生活智慧。每天都试着让自己的人生从中受到启发,还有什么比这更有裨益呢?

一　月

一月一日

每当辞旧岁、迎新年时,我们都能感受到那种崭新、纯粹、原初的吸引力。新东西散发出它独有的光辉,就好比穿上新衣的感觉总是焕然一新,穿新衣比穿旧衣要好看得多。这里面也总是包含着一份成为新人的希望,希望自己以崭新的面貌示人,让别人不再把自己看成过去那个自己。新的面貌会激励我们去尝试新的可能性,以不同于以往的方式对待他人,用新的话语,新的姿态,新的反应,走新的道路。新年伊始,我们不只希望自己的衣服和角色都旧貌换新颜,更希望这一整年都复始更新。新年伊始,我们格外希望有个新的开始。

一月二日

　　许多人都会在岁首或者每周乃至每天的开头制定计划。他们要么为读过的某本书欢欣鼓舞,于是,想要立即改变自己的生活。要么,他们在某次报告会上听人讲了该如何更合理地利用时间,如何从自己所犯的错误中吸取教训,听完之后马上就要兴冲冲地付诸实施。可过不了多久,热情便熄灭了。太辛苦,干脆放弃了。改变生活突然变得一点意思也没有,干什么事都变得漫无目的。"我就知道我只有三分钟热度!"可抛弃下定的决心就意味着也抛弃了自己的一部分。他们不再自信。他们垂头丧气。沙漠教父波依门(Poimen)对一位满脑子都是这种丧气想法的年轻僧侣说:"单单依赖某种技艺,而不实实在在地学习它,这又能有什么用呢?"快别叫苦连天,赶紧学习如何成为真正的人吧!

一月三日

　　"开始"这个词的原意本是"开荒种地"。开始是艰辛的。放眼望去,你的生活就仿佛一片满是蓟草与石块的土地,灌木覆盖,杂草丛生,一片混沌,毫不友善。若你想在这片土地上开荒耕种,你得先圈出其中一小块来。你不可能在一年之内把你生活的全部领土开垦完毕。你得决定今年你想开垦哪块地。

一月四日

人都爱走宽阔的大道。你要找到属于自己的道路。随波逐流是不够的。你要仔细聆听,自己的路在何方。然后,你要勇敢作出决定,坚持走自己的道路,哪怕一路上孤单孑然。只有走属于自己的道路才能让你成长,让你找到真正的人生。

一月五日

内心深处影响我们的想法有哪些?我们最深的渴望是什么?我想用自己的人生宣告些什么?……每个人都怀有先知的使命,那是只有每个人自己才能实现的使命。只有扪心自问,我们到底要在这世上留下什么样的印迹,我们才能触碰到自己那独一无二、不可仿造的肖像,那肖像是神为我们而作。

一月六日

圣子降生的时候,东方贤士踏上了朝拜圣子的路途。他们也倾听梦。不光如此,他们还将梦与占星术以及他们的历史知识联系起来。于是他们达到了目的地。星星为他们指出了道路,他们在耶路撒冷寻访圣子。在找到圣子的那一刻,他们跪下朝拜。梦中,他们被神告知要走另一条路回家。他们服从了指引,就像约瑟服从指引那样。那个时候,约瑟做了一个梦,梦中有位天使向他显现,让他快逃到埃及。第二次,约瑟服从在梦中得到的指引而回到了以色列。耶稣的降生于是为梦所环绕。约瑟在梦中得知了玛利亚的秘密,还有圣子降生的秘密。梦向他指明了他后来顺从跟随的道路。梦具有约束力。梦要作用于现实的生活。

一月七日

东方三贤士一道启程。他们三人是一起的。他们不让官吏察觉他们要走的路,他们倾听内心的声音。内心中,他们看到了象征他们渴望的一颗星。他们怀着渴望上了路。这是一条漫长的朝圣之路。路上,他们困倦了。可他们一直走,一直走,因为他们相信自己内心深处的渴望。于是,他们到达了目的地。星星为他们指路。但是,为了打听更确切的目的地,他们还要同希律王及其经师交谈。我们应倾听自己的内心,也需要咨询他人,为的是在交谈中更确切地听出自己内心的声音。

一月八日

倾听你的梦吧:梦是不能强迫去做的,梦是神给予的礼物。神若是在我们的梦中都沉默不语,那我们就失去了方向。支撑着我们的那些内心深处的信念并非来自理性的思索,它们还有更深的根源,其中之一便是赋予我们内心信念,让我们明辨是非的梦。倾听梦并非迷信,而是敬畏神的一种方式。因为我们在梦中意想神,所以我们在意我们做的梦。若神总在梦中告诉我们接下来该走哪一步,我们便会感到喜悦。梦中的图像为我们指明方向,我们要朝着这个方向走。

一月九日

在你内心的苍穹中闪耀着的那颗星,正是驱策着你的那份渴望的图像。相信你的渴望,追随它,一直到苍穹的尽头。

一月十日

　　每次启程一开始都会带来恐惧。因为那些旧有的、熟悉的东西被打破了。打破这些东西的时候,我并不知道迎接我的将会是什么。未知在我心中唤起了恐惧。而同时,启程中包含着应许,应许那新的、前所未有的、从未见过的事物。拒绝启程的人,他的生命会凝固。不发生改变的事物终会渐渐老去,渐渐浑浊。生命里新的可能正在我们心中启程。

一月十一日

　　一生之中,我们一再获得重生,以保持我们的人生鲜活有生机。那毁坏我们辛辛苦苦建立的一切的危机,可以是我们重生的机会。我们所踏入的熊熊烈火,可以象征着浴火后我们心中生长出的新生命。

一月十二日

　　告别不单指同人告别。我们也需要同自己的习惯、人生的阶段与模式告别。谁要是从来没有同童年告别过,谁就总会对自己的周围有着儿童般天真的愿望。谁要是从未同青春叛逆期告别过,谁就总会沉溺在对自己人生所抱的幻想中。若我们想长大成人,我们就必须同自己的青少年时代说再见;若我们想结婚,我们就必须同自己的单身汉日子说再见;若我们变老,我们就要同自己的职业生涯说再见。

一月十三日

我们时不时得放下过去,好坦然面对未来。谁若永远停留在孩童时代,谁就永远无法长大。俗话说得好,这就叫牵着母亲的裙角不放。放下过去意味着释怀内心的姿态。我无法永远依附什么人,无论是父母,还是同窗或朋友。我无法依附于什么地方,故乡也好,我已经熟悉的地方也罢。我总是得放下已经习惯与信任了的事情,好活在当下,好坦然面对新事物。

一月十四日

越是与自己内心的矛盾做斗争,我能做到的事情就越少。岂止如此,若是与自己内心的矛盾挣扎正面交锋,我的心里会长出一股强烈的反作用力,而我根本就无力抵抗。

上述这些乃是经验之谈。我常有这样的想法,认为有朝一日我一定能够克服自己所犯的全部错误。每次重蹈覆辙,我都气愤不已。那之后,我便决定,改正错误要更加坚决,事先要更加深思熟虑,弄清楚自己何时容易重蹈覆辙。这虽然能有一定的效用,改正自己的某些错误,但我还是会不时掉入陷阱,每次这样,我对自己的怒气就再发作一次。我谴责自己,拒绝自己,可这样一来,我内心的矛盾却愈演愈烈。直到我无法再用一己之力克服内心的矛盾,把自己交给神,我才在突然之间感受到内心深深的和平。

一月十五日

我们若不爱自己,便无从认识自己。只有爱能让我们更深入地认识自己,了解真实的自己。但自爱并非只顾自己。

一月十六日

如今,有很多人都认为,做人最重要的是不要锋芒毕露,不要犯错误。若做到这样,那事业上的晋升就不会受到威胁。若做到这样,自己在团队中就不会被批评,也就不必要引咎辞职。若做到这样,人生也就成功了。但这种规避风险的态度实际上恰恰阻碍了人生。完完全全不想犯错误的人,实际上是把一切都搞错了。因为他不敢担当,冒不起风险。这样下去,也就不会有新的气象产生。

一月十七日

安身立命、有家可归是人类一种原始的渴望。人会希望在自己喜欢的地方搭个帐篷,然后,永远地待在那里。但同时他也知道,在这个世界他无法安永恒的家。他需要不断开始新的旅程,不断地启程。他要将自己建造起来的安乐窝拆除,好走到更遥远的地方去。拆除是启程的前提。旧的须得拆除。不能一直这样下去。我无法一直停留在自己目前所处的地方。

一月十八日

人须得放弃许多,才能有善终。人要放弃恶,放弃任性,放弃专横。但人也要懂得放弃善,如果善阻碍进步的话。这是因为,善可能会成为更善的敌人,在人通往神的途中阻碍人的前进。

一月十九日

有句谚语说得好:"通往地狱的道路是用良好的意愿作石砖铺成的。"如果你一再计划做些什么,却总也实行不了,那么现在,你就已经为自己铺设了通向地狱的道路。你的生活现在就已经成了自我指责与自我控诉的一团烈火,熊熊火焰将你燃烧。若不坚持,你的生命便不能持久。"延续"这个词来源于拉丁文的 durare:选择、留存、持续、延伸。若你不能坚持工作,那么你永远也无法达到固定的水平。你到处乱飞,这里品一品,那里尝一尝。可这样一来,什么都无法成长壮大。最后,只有那些能够扎根的,才能成长壮大。

一月二十日

首先,你得树立现实可行的目标,不要追求无谓的幻象。你必须看到自己有哪些性格是果真可以改变的,而又有哪些只是你必须与其和睦相处的。可如果你打算改变,你就要贯彻下去。如果不成功,那就得问自己,是否自己的出发点错了,或者是否给自己制订了太多的计划。在此之后,你可以首先设定较低的目标。不过你要持之以恒。你会看到,坚持终会得到应有的奖励。

一月二十一日

我们所下的决心经常被我们当成不需要改变自己生活的借口。虽然我们打算改变自己,更上一层楼。但事实上,我们仍然站在原处。决心安抚了我们的良心,却无法改变什么。有一位修士弟兄认为,决心是防止我们将自己的生活置于动荡之中的最安全的方式。这是因为决心在我之前行动,决心指向未来,决心不解决当下的困境。我从当下的挑战遁入不受约束的未来。与其下定许多决心,不如我们着手做些简单的事情。

一月二十二日

每个人都对其周围的氛围负有责任。这种责任开始于想法。我们应省察自己的想法,看自己是不是在无意中被某些偏见所左右。想法会在言语及行为中反映出来。因此,要重归于好也应该从想法开始。

一月二十三日

学习存在的艺术吧！深入细致地生活！哪天你上班的时候，要从一间办公室去另一间，试着有意放慢脚步。散步的时候，试着有意识去感受自己每走一步，脚是如何触碰然后离开地面的。试着有意识地轻轻将杯子端起。晚上睡觉，试着慢些脱衣服。你会看到，一切都成了象征，将脱下的衣服放好便意味着放下一天的辛劳。

一月二十四日

警醒亦是一种醒。谁若是注意自己的呼吸，留心步伐的调整，警醒地拿起勺子，谁若是全神贯注于自己正在做的事情，谁便醒了过来。警醒将我们同物和人联系起来。有人问一位禅宗和尚，冥想的时候他都干些什么。和尚回答道："吃饭的时候，我在吃饭。走路的时候，我在走路。"提问的人接道："这并没有什么特别的。我们大家都这么做。"和尚却说："不，坐着的时候，你其实已经站了起来。站着的时候，你其实已经走在路上了。"

一月二十五日

　　修道传统当中有一种这样的认识:每个人在其灵魂居所中都需要特别的庇护空间和可以让自己沉浸于造物主的空间。在那里,天使同他在一起,引导他进入存在之轻盈,进入温柔与爱,进入生命之喜悦。天使为人的灵魂添上了翅膀,而灵魂给思想赋予想象的翅膀。如此,人的思想便能从表面的平庸中跳脱出来,向天国敞开自己空洞的荒芜。天使向我们传递的经验乃是,我们受到了特殊的护佑,我们是安全的。我们并不孤单。

一月二十六日

　　在一切行为中保持警醒,这能为我的生命带来一阵轻柔的气息。警醒的时候,我全身心都在当下,可谓物我合一。但警醒并不是白白赠予我们的,我们必须每日勤加练习。

一月二十七日

　　请关注你的天使。天使是神的信使。它们向我们宣告神的话语。它们宣告,神就在近旁帮助他,拯救他。它们步入我们的生命,保护其免遭危险,在路途上护佑我们,在梦中向我们说话。天使是更深层的另一种现实的使者。它们代表着我们对安全感与家乡、对轻盈与喜悦、对生机与爱的渴望。它们使天地相连,为我们敞开天国之扉,给我们的生命镀上天国的光泽。

一月二十八日

天使要在我们内心呼唤那些在日常的忙碌中被我们遗忘或忽视的东西。设想一下,今年陪伴我左右的是忠诚天使或温柔天使,神派遣了一位天使来向我指明忠诚或温柔的秘密,设想一下,这该是多美的图景。

天使是我们生命道路的陪伴者,是播撒希望的信使。它们告诉我们,我们并不是漫无目的地活着,我们定会到达生命的目标。

一月二十九日

所以,天使总是披着不同的外衣而来。它们懂得如何变形。它们把自己变成一路上陪伴我们的人,为我们疗伤的医生,帮我们解开心结的治疗师,将我们从罪责中解脱的神父。"天使总是不期而至",有一首流行的歌这么唱道。有时,天使就是你的男朋友或女朋友,对你讲了一句话,便让你对事情有了全新的看法。有时,天使就是一个注视着你的孩子,他让你知道,你为之焦头烂额的烦恼是多么的无足轻重。

天使是精于变形的艺术家。变形的天使却要将你引入你自己变形的奥秘中去。

一月三十日

你心中的一切都有其意义,但它们也需要变形。你会害怕,这是好事。会害怕通常说明你对自己的人生有错误的基本估计。你也许认为,一切都要做得完美,不能犯错误。可这个时候,你的恐惧告诉你,这样的生活态度只会害到自己。恐惧邀请你走上一条人的道路,一条你在其中能够生活的道路。你会愤怒,这也是好事。若你静观自己的愤怒,对其寻根问底,那么,你的愤怒便可能转变为新的生机。这个时候,你的愤怒或许告诉你,你至今都在用别人的期待来要求自己。现在,你终于能做你自己了。于是,愤怒变成了你新的生命能量。

童话常常讲述变形,一会儿人变成动物,一会儿动物又变成人,什么都能变形。这告诉你,你无须惊恐自己身上的任何一点。在你身上,什么都有可能转变。

一月三十一日

但愿风险天使能让你挺直身板,让你自由做你自己,相信自己内心的脉动,无须凡事都留好周全的退路。若你敢于尝试新事物,将自己的想法付诸实施前不去满世界地跑着寻求许可,整个世界都会因而感激你。

二 月

二月一日

我们的人生,并不是自然而然就能获得成功。有时,我们被挡住了视线,根本就不知道,我们已同自己的真实擦肩而过。

仅仅遵守诫命是不够的,我们要警醒,要知道我们是在过自己的人生。"你们要从窄门进去,因为宽门和大路导入丧亡;但有许多的人从那里进去。那导入生命的门是多么窄,路是多么狭!找到它的人的确不多。"(玛 7:13—14)

成为人即意味着,努力过我自己的人生。这要求我仔细打量眼下我所成为的模样,省察我的人生历程,观察我的禀赋。这要求我细致聆听内心的脉动,神在那里告诉我,他对我有怎样的期待,我的人生如何能够绽放。

二月二日

我们只有认清现实真正的样子,才能正确应对,才能作为自由的人在这世上生活。到那个时候,世界对我们便没有权柄。确实,我们常对世界充满幻想,因为我们从心底里害怕这个世界,害怕世界的黑暗和深渊,害怕命运、混乱和无处不在的威胁。我认识许多一再逃避真实自己的人。他们乃是害怕平静。

二月三日

我们都需要勇气去过自己的人生,那是从一开始就为我们而准备的。为了不逆流而行,我们太轻易地就会去适应他人,太容易就接受他人的观念。如今这个年代笼罩着一种强烈的自由主义潮流,人什么都可以做。但同时,我们也看到一种强大的一律性。媒体宣扬着如今的时代规范,该想些什么,该穿些什么,该做些什么,都有统一的规范。要跟别人不一样,做自己认为合理与正确的事情,还真是需要很大的勇气。

二月四日

我们须谨防两种趋势:谴责和开脱。谴责自己,我们会被罪恶感所折磨,最终受惩罚的还是我们自己。这样一来,我们便将自己的过错戏剧化了,而我们也失去了与自己的过错保持距离的机会。我们其实并没有积极面对过错,而是让过错主导了我们,让它把我们往下拽。这种自我贬值常常是不现实的,它同真实情况不符,并因此阻碍了真诚的自我批评以及对自己应负的责任。我们不分青红皂白地先评判一番,这让我们无法真正地了解实际情况。谴责自己往往只是傲慢的另一面而已。归根结底,我们希望自己比别人强,比别人高明,结果却招来了超我的声音,制止我们这么做。这便是我们试图自我拔高所遭受的惩罚。

二月五日

走进自己现实的人,便摆脱了分裂的危险,许多虔敬的人都会经历这样的分裂。排斥和分离自己那无神无德的层面的人,便会将这一层面投射到他人身上,在团体中制造分裂,要不然则会以专制的方式创造统一。但是,这种统一是以深刻的阴影为代价换取的,在统一的表面之下将会滋生不耐烦、敌意、严苛、自我正义以及不信任等种种弊端。

二月六日

下面两个层面都属于人的自我认知:一、人是神的肖像。人应当认识到自己的尊严与美、神给予自己的善,以及自己能够成为神的居所的能力。二、人应该敞开自己的一切,敞开被神的肖像所掩盖和歪曲了的,揭开自己的一切黑暗与恶、扭曲与畸形,还有自己内部恶魔般的一切。然后,神会拯救人,复原最初的肖像,让人成为神意欲人所成为的那样。这不是别的,恰恰是人的自我实现。人作为神的肖像实现自我,或者更确切地说:神在人中实现其肖像。

二月七日

身体常会做出灵魂本来也愿意做出的反应,可是身体却时常不承认这一点,从而压抑自我。因此,仔细倾听自己的身体并非坏事,这样能够更好地认识自己。人的自我认知有许多源泉:其一是我们的想法和感触,其二是表现我们自身状况的直观的梦境,其三是表达我们灵魂的身体,其四则是行动的层面,即我们的行为、习惯、日常的生活、工作和我们人生的历程。只有纵观这四个领域,我们才能真正认识到自己的处境。

二月八日

真实的人是自由的。因为仅仅真相就足以让我们自由。如今有许多人,他们与真实的自己擦肩而过。他们害怕面对自己心中的现实。如果不得不突然安静下来,他们就会感到恐惧。安静的时候,他们心里便会有某种不悦浮现。他们总是不停歇地做着什么,为的只是同真实的自己擦肩而过。他们总是被驱使,总是在着急。对他们而言,最糟糕的事情便是无所事事,每到这个时候,他们真实的自己便会暴露在光天化日之下。逃避自己真相的人总是需要许多能量,才能在别人面前将其掩饰。

二月九日

如果你有勇气独处,那么你会发现,有时独处是一件多么美妙的事情,不用刻意表现些什么,不用向旁人证明些什么,也不用为自己辩护。独处的时候,你或许还能体验到完全同自己合一的感觉。

二月十日

与自己合一也意味着赞同自己的生活。与自己的过去重归于好,与过去给自己带来的伤害和好,肯定神在当下对自己的工作、自己所处的群体以及对自己所提出的要求。有了这种合一与赞同的经验,我们一直以来所渴望的也就实现了,我们终于能够接受自己,毫无保留地肯定自己和自己的生活。

二月十一日

悔改始于思想。思想常常将我们引入歧途。我们的想法与现实不符,我们对现实抱有幻想。我们沉湎于某些自己内心或别人强加于我们的想法。我们所想的同大家一样。我们的想法是无意识的,由他人所操纵。我们应当学会自主思考,符合现实地思考。如果能这么做,我们的天使也会感到欣慰。

二月十二日

认识到真实的自己的人,会停止在别人身上找自己犯错的原因。他会成为每个人真正的兄弟姐妹。在每个人身上,他都认识到了自己。

二月十三日

《圣咏》第四篇中有句话:"在床上检讨,且要扪心思过。"(咏4:5)。夜里,我们应当思考神想要对我们说些什么。若我们在夜里醒来,大可不必不安地辗转反侧,心里想着,若是醒的时间太长,明天早晨一定会睡眠不足。我们其实可以利用这段时间,学着撒母耳那样说:主啊,请说,仆人敬听。若我们睡着并且做梦,那我们要准备好,神也许会赐梦给我们,并在梦中对我们说话。如果我们将夜晚和睡梦这两个重要的领域也融合到自己的灵性道路中来,那我们的灵性生活一定会更加丰富。若我们不顾及这两个领域,那么一天当中的很多个小时便被我们白白排除在外了。

二月十四日

因为我们有意识的眼光常常受到我们自己的愿景的影响，所以，学会察觉无意识的眼光就很重要。这两者相互补充。神在梦境的视野中将我从自己的盲目中解脱出来，好让我遇见真实。

二月十五日

我们总有事情要做。每当内心浮现细微的冲动，我们就会立刻将其推开，着手做些我们做得到的事情。这样一来，我们就永远也不会听到神的声音。

二月十六日

我头脑中的一切想法都有可能成为现实。顺其自然，我便能退却自如，便能让一切想法存留在脑海中，而自我并不会受到影响。我静观其变，顺其自然，但我会将之相对化，我会说：从现在起，我不再烦心了。想法时而涌现，而我呢，我感受到自己的想法，并顺其自然。而后，这些想法便不再能使我不安了。这便是我们能找回的平静。许多人想要通过冥想的方式来达到绝对的平静,那种要求其实太高了。只有死亡,才能让我们期许的绝对平静实现。而我们活着,所以我们常常有各种想法与情绪上的波动。若能顺其自然,我们仍然能保持平静。在意识的下方,在我们内心深处,在我们原本的自我中,不安是没有立足之地的。不安只能涉足头脑与情感而已。

二月十七日

我知道,在我内心深处有一个其他一切都无法进入的空间,在那里,我就只是我自己。在那里有神的居所。神将我从内在与外在的不安当中解脱出来。他将我从别人对我的看法、期待、评判、嫉妒和伤害中解脱出来。单单在我能感受到这个内心空间的那些瞬间,就足够让我一整天都获得安定的感觉,即便外在纷扰不断,我内心深处始终有不可撼动的东西,那便是一切外在要求与冲突都无法打扰的我内心的和平空间。

二月十八日

我们常看到自己始终都在评判他人。哪怕我们没有大声说,我们的内心也在不停地评论他人。这些评论使我们无法保持自己的本色。我们始终在别人的地盘上。我们总是盯着别人的错误不放,为的是逃避真实的自己。但这样的话,我们就永远也无法回归自我,找到内心的和平。

二月十九日

我们觉得自己很依赖别人对自己的认可,觉得我们完全被自己的生命故事决定了,没法自由做决定。情感、狂热、需求,还有许多愿望都在影响着我们,限制着我们的自由。问题是,我们该如何找到内心的自由。灵修传统自古以来就为此指明了道路,告诉我们如何才能从外部因素的决定力量中解放出来。灵修者从来都是自由者,是不为外部因素所决定的人,是自内而外生活着的人,不受别人意见和期待的左右,不做自己的需求与愿望的奴隶。内心自由是我们作为人的尊严的组成部分。只有自由的人才是完整的人。

二月二十日

疾病,也能够帮助我们面对自己的阴影。因为疾病常常存在于我们的阴影之中。它告诉我们,我们究竟从自己的生活中排除了什么。我们从生活中排除的、挤到阴影中去的，会在我们生病的时候发出声音。它们会说，我们应当将它们整合到我们有意识的生活中去。从这个意义上讲，生病乃是一种自我治疗的尝试，让我们的灵魂不至于崩溃。而我们若是坚定地继续将阴影排除出自己的生活，那我们的灵魂总有一天会崩溃的。如此说来，我们应该从积极的角度看待生病。

二月二十一日

或许，我正对自己没有经历过的事情而感到无限悲伤。我应当停止悲伤，因为只有如此才能穿越悲伤，找回宁静。这个过程可能十分痛苦。但只有越过伤痛，我才能够到达真正的宁静。若我忽视自己的悲伤，那么悲伤就会一直跟随着我，让我长久不得安宁，无法感到满意。

二月二十二日

我需要决定用怎样的语句面对人生的挑战，是对自己说"我把一切都搞砸了"，还是说"金无足赤，人无完人"呢？悲伤的时候，我会采取消极的应对方式，会毫无建设性地自我怜悯。就在我让自己对这一切都信以为真的时候,我实际上夸大了人生中的挑战和自己的懦弱,其实我是不愿直接面对奋斗。在我暗示自己的这些话中,我没有看到我对自己是多么地不诚恳。我忽视了自己的实力,着眼于自己的懦弱。我不想长大,宁愿躺在妈妈怀里。

二月二十三日

有许多人跟自己过不去,太跟自己较真。他们不能容忍犯下与自己的年龄不相符的失误。于是,他们决心铲除这些错误。可是,越是跟错误对着干,错误却越演越烈。没多久,这些较真的斗士便都失去了耐心。要么,他们会对自己愈加严格,要么,他们干脆就放弃了,不再同自己的错误较劲。轻松天使会教给我们另一种方式。我们不应放弃改正错误。但我们要带着幽默感同自己的错误抗争。再次失误的时候,我们也不会将它看得太严重。

二月二十四日

同自己和好意味着和平地同自己相处,自己是什么样就什么样,肯定现在的自己。调解让自己不得安宁的各种需求与愿望之间的矛盾,平衡理想与现实之间的差距,让自己那愤怒的、一再抗拒现实的灵魂平静下来。同自己和好也意味着,亲吻那些让自己觉得难受的事情,亲吻自己的失误与弱点,温柔地对待自己,特别是自己那些不符合理想的地方。

二月二十五日

歌唱能驱走一切悲伤。歌唱能让我们内心重新获得喜悦与和平,治愈我们内心的不满。僧侣们每天都要多次吟诵圣咏,这是个净化和照亮灵魂的好机会。而今天,普通人会在哪里歌唱?有没有什么地方可以让一个普通人精心呵护自己的情感,并用治愈的方式将其表达出来?

二月二十六日

一个快活的人,别人是没办法让他感到恐惧的。他是坚强的,没有什么能将他打倒。要是你同这样的人交谈,那连你的内心也会一同快乐起来,你也会突然用不同的眼光来看待自己的人生与自己周遭的一切。你很喜欢有个快活的人在自己身边。你知道,透过墨镜看待一切的人会是如何令人沮丧,他们只看到消极面,并且无论在哪里都能找到消极面。而快活的人则能让你整个人都快活起来,一下子觉得自己轻松了许多。所以,我祝愿你能与许多快乐天使相遇。

二月二十七日

我们需要同自己保持距离,才能完完全全活出自己。我们太在意自己在别人面前的表现,太在意别人的想法,太在意自己给别人留下的印象。不要去过分琢磨别人的期待,才能活得畅快。我们不要去管别人对自己如何期待,我们要相信自己的活法。我们不用再去扮演平常扮演的角色,我们要卸下伪装的面具,还原自己内心的活力。

畅快地活着意味着活力四射。这不是能够伪装出来的。有时候我们心潮澎湃,这个时候,不用我们找话说,话也会从我们嘴里冒出来,我们会感染身边所有的人,会突然产生疯狂的点子。如此畅快,我们的火花也会感染其他人。自由由然而生。周围其他人一下子自由畅快得像爱玩的孩子,全然不再计较目的与效用。

二月二十八日

让人的内在矛盾得到统一,最恰切的象征便是十字架。十字架表达了人的完整性。人只有经得起矛盾的煎熬,并在内心的十字岔路口将自己统一起来,才是完整的。当我把身体摆成十字架形,尽量把双臂打开,我会感受到矛盾的力量。矛盾撕扯着我,但也让我更加宽广。我一下子感受到了广阔与自由。我觉得自己同寰宇合一。人、地球、宇宙,一切对我来说都不陌生。我心有万物。

二月二十九日

只有我们对自己仁慈,才能学会对别人仁慈。我认识许多人,他们仁慈地对待病人和孤独的人,却从不仁慈地对待自己。对其他任何人,他们都有着一颗怜悯的心,却唯独心中没有自己。他们强迫自己压抑自己的需求,只为了为他人而活。然而,对待自己的这种不仁慈也会败坏对待别人的善行。我对别人的关爱之中会偷偷溜进一丝占有欲。而如果我那巨大的爱没有得到应有的报答,我会因此感到愤怒。为了能打从心底里爱别人,为了能真正在心里为别人留有一席之地,我必须首先同自己的内心交流,必须首先关注自己的不幸与困苦。然后,我才能充满仁慈之心。只有这样,我才不会评判他人,而是在自己心中接受他们,连同他们的不幸、痛苦、矛盾与卑微。只有这样,我对他们的帮助才不会让他们良心不安。他们会在我的心中找到自己的一席之地,找到故乡。

三　月

三月一日

要通往平静,不存在纯粹外在的道路。每一条能够让人真正通向平静的道路,都建立在自己的本真经验和对神的经验基础之上。

三月二日

平静最大的敌人是我们给自己的压力。许多人都爱与自己的不安正面交锋。可是,这样一来,他们却怎么也无法摆脱不安。他们想要进行冥想,他们想要享受内心的平静。可是,当感受到自己内心都有什么浮现的时候,他们便对自己气愤不已,无法忍受自己。于是,他们通常又都放弃了从内心获得平静的努力。他们仅仅是想摆脱不安而已。然而，重要的并不在于摆脱，而在于放下。

三月三日

生活一再让我们失望。我们对自己失望，对自己的无能为力和挫败感到失望。我们对自己的职业、自己的伴侣、家庭、修道院、堂区感到失望。有些人对失望的反应是听天由命。他们于是甘于现状。但在他们的心中，活力日益萎靡，希望渐渐逝去。生活的梦想被埋葬。即便是失望也有可能带我们通往宝藏。也许失望是为了让我从对自己和未来的那些幻想中清醒过来。也许我从前戴着一副玫瑰色的眼镜看待一切，而现在，失望将我的眼镜摘了下来，让我看到生活真实的一面。

失望揭下我至今沉浸其中的错觉面具。失望让我看到，我的自我认知并不正确，我错误估计了自己。所以，失望是发现真我，发现神为我预备的肖像的机会。一开始，失望自然会带来疼痛。但是，通过痛，我能学会同现实握手言和，并学会如何现实而合理地生活。

三月四日

人的存在是与一种即便是心理学也无法将其消解的基本恐惧联系在一起的。那是一种来自人的有限性的惶恐,害怕自己的存在没有道理,害怕自己无法安息,而一心想指望别人。没有哪种心理学能消除人的这种基本恐惧,只能靠对神深沉的信任来克服,是神将存在的基础赠予我们,他出于爱创造了我们,出于仁慈让我们生活下去。

三月五日

只要我同自己的恐惧斗争,恐惧便会如影随形。我必须直面它,容许它,同它交朋友。如此,恐惧凌驾于我之上,我的权柄才会消失。如此,我一边惶恐,一边却已经不再惶恐。恐惧重新出现的时候,许多人会生自己的气。他们觉得自己有如懦夫。这样一来,他们便已然对自己的惶恐产生了恐惧。他们害怕,恐惧还会来袭,还会觉得自己是个懦夫。因此,他们盯住恐惧不放,恐惧便成了长期的问题。如果我干脆接受自己的惶恐,承认恐惧就在那儿,我便也能同它保持距离。我承认,我总是害怕生病,虽然我也很清楚,完全没有理由害怕。我并不因此就谴责自己,也不给自己太大的压力,规定自己一定要克服恐惧。我干脆让它放马过来,直视它,问它要对我说些什么,与它谈话,但谈话过后,我会同它告别。如果我允许它的存在,那么我也能同它保持距离。恐惧就在那儿,可是它无法再左右我。

三月六日

我们总是试着以牢牢抓住许多东西的方式来克服自己对存在感到不安的惶恐,我们抓住财产和成就不放,尤其抓住别人不放。我们依赖着一位亲爱的人,期待从对方身上获得绝对的安全感。可这样一来,我们却陷入了更深的惶恐,因为我们察觉到,没有人能给自己提供绝对的依靠。我们每个人都会死,每个人都有弱点。绝对的安全感只有神能赐给我们。神托起我们,保持我们。我们永远不会从他保护和爱的双臂中跌落。神满足我们对绝对依靠的渴望。对我们而言,这种绝对安全感的标志也可以是某个人。

三月七日

我们总想证明自己的价值,做许多工作,达到更高的成就,精准地完成各种宗教义务。我们想以此来克服自己对存在无价值感的惶恐。我们想向自己,向他人,乃至向神证明自己的价值。我们想以此来得到关注,不让别人小觑自己。我们满怀良知地完成自己对神应尽的义务,好让神奖赏自己。可哪怕怀着最大的虚荣心,我们也无法克服存在的无价值感。相反,我们感觉到,自己的成就并不能让他人亲近自己。我们过分紧张,局促不安。只有相信,在神面前,我们还没有取得什么成就的时候就已经是有价值的,相信因为我们存在,所以我们有价值,相信我们的价值如此之大,连基督也为我们而死,神也关心着我们,居住在我们心中,只有如此信仰,我们才能克服自己的无价值感。

三月八日

因为害怕存在的罪恶感,我们会有种感觉,觉得单单是自己的存在便已充满了罪恶。然后,我们便会为自己还活着,占用了别人的时间,夺走了别人的生存空间与呼吸的空气而辩解。或者,我们试着以加倍的勤奋扼杀自己的惶恐。可是这也行不通。我们精疲力竭,总有一天,我们再也不行了,觉得自己一生都荒废了。为了消除存在之罪,我们竟与生活本身擦肩而过。这样一来,我们完全空虚,被抽空一般。而只有相信,我们是因恩慈而活着,相信我们活着是因为神希望我们活着,他从爱与喜悦之中创造了我们,才能解除这种惶恐。我们相信,神爱我们,他为我们付出时间,他因我们的存在感到喜悦。这种信仰经验让我们从一切的恐惧与那常常自我折磨的无用罪恶感中解脱出来。有时,如果我又感受到了那种让我麻痹的罪恶感,我会读一读《若望一书》中的话语:"纵然我们的心责备我们,我们还可以安心,因为天主比我们的心大,他原知道一切。"(若一 3:20)

三月九日

我本来所具有的洞见,对我并无益处。只有当某个洞见降临到我头上,它才能拯救我。如果没有情感的参与,人的行为便无改变的可能。只有被排斥的痛苦得以进入心灵,人才会放弃用来抵御真正痛苦的替代品。

三月十日

我们不应对我们脑海中出现的任何一种想法——卑鄙也好,不公平、自私、残忍也罢——感到惊奇。在自己身上发现恨与嫉妒、吃醋与愤怒,或是发现自己暗地里希望另一个人去死,我们都不应感到害怕。我们不应指责自己,对自己说,不应有这样的想法,也不应指责自己,因为有这样的想法,所以我们从本质上就是坏人。我们不应对自己的想法感到害怕。这对我们无益,只会让我们身陷恐惧,毫无意义地自我指责。

正确的回应则应是,承认我有这样那样的想法,我希望某个人去死,我感觉得到自己有仇恨的情绪,有谋杀的想法,有嫉妒之心,有折磨他人的欲望。我允许自己有这样的念头,但我并不将其付诸实施。我通过询问其根源来与其抗争:这样的想法从何而来?它反映了我的什么?我拥有哪些积极的力量?这样的想法表达了我怎样的渴望,又指出了我内心怎样的创伤?它伤我多深,我竟对旁人有如此想法?与其禁止自己有这样的想法,不如允许它们的存在,如此才能坦率地与其抗争。只有这样,我们才能克服这样的想法,不用一再担心它们会不会卷土重来。

三月十一日

我们不该对心中的消极想法就这么简单地加以排斥。也没有这么做的必要。我们应该积极应对。我们不应压抑它们,而应同它们周旋,同它们抗争。消极的想法一再出现,

这并非坏事。我们不能阻止它们的出现。波依门(Poimen)对此有过一段详细的描述:

有位弟兄来到沙漠教父波依门面前,说:"父啊,我内心有许多想法,因为它们,我陷入危险。"沙漠教父将这位弟兄带到旷野,对他说:"将你的上衣敞开,抓住风!"弟兄回答说:"这我做不到!"老者波依门对他说:"如果你做不到这一点,那你自然也无法阻止脑中有想法产生。但你的任务在于,抵挡住它们。"

三月十二日

灵性生活的任务不在于不犯错误,或是克制自己的欲望与热情,而在于身心健康地生活。如果我们将健康看作宗教生活的任务,那么,这自然会有益于提升我们的灵性。

三月十三日

生病了,我们应该问自己,是否我们的灵魂也有什么地方有恙,是否我们在以不健康的方式生活,是否我们因为压抑了自己的攻击性、欲望和需求而将自己与生命割裂开来。疾病是诚实认识自己的机会。生病的时候,我们能发觉自己究竟缺乏什么。病症是我们灵魂状态的表现。我们需要通过生病来好好认识自己。因为没有谁自觉诚实地对自己了如指掌。我们太容易成为自己内心的压抑机制的牺牲品。身体迫使我们细细关注我们到底在压抑什么。生病的时候，它们才是可见的，而且不再会被忽视。因此，我们应感激自己的病。要不然，我们永远无法真正认识自己，也无法找到健康生活的尺度。

三月十四日

疾病想要告诉我们什么，通常只需要我们仔细倾听对病症的语言描述就可以发现。当一个人说"我受够了"，这实际上表示，他被过分苛求了。而另一个人说"我生气了"，指的则是他得了让他有过敏反应的病。还有人说"我被人传染了"，意思是，有人离他太近，他不愿意别人离他太近。再有人说"我着凉了"，他所说的着凉，指的是别人对待他的态度。他感觉太冷，在冰冷的人际关系中冻着了。如果能听出疾病所传达的信息，我就能更好地理解自己当下的处境，并会尝试着更加真切地生活。

三月十五日

一生中,我们每个人都会走上走不通的路,走进被围墙堵住的死胡同,绕进看上去永远也走不完的弯路,迈上把我们带到相反方向的错路,陷入一无所获的歧途。这样的时刻,我们的感受就像荡子,突然意识到:再这样下去是不行的。"我要起身到我父亲那里去。"(路 15:18)在这里,希腊文的"anastas"一词,其本意是:起身(aufstehen)。它也指复活(Auferstehung)。走在歧途上的我们,总有一刻,会想要醒来,去走自己的路。于是,我们庆祝复活。于是,天使也同我们一道庆祝。是天使给了我们起身的念头,让我们不再逗留在行不通的路上,让我们敢于起来反抗那将我们挡在生命之路以外的东西。

哪怕是在弯路与歧途,天使也都陪伴着我们。知道这一点,对我们而言,是多么大的慰藉呀!显然,天使对我们充满耐心,对我们不离不弃,即使我们前路崎岖。我们能够相信,天使会在某一时刻对我们说话,让我们记起,我们仍要启程,去选择一条有更强生命力、更大自由、更多爱的道路。

三月十六日

爱自己的意思是接受自己。如今,我们在哪里都可以听到这样的建议,让我们接受自己。可问题在于,具体应该怎么做。爱意味着好好拥有,好好运用。爱与手有所关联。接受也需要用手接住。我手里握着的东西,便成为我的一部分。接受自己意味着,用手握住自己,温柔地善待自己。爱是用自己的双手取得的,爱是有血有肉的。善待自己的身体,便是善待自己,不能让它娇生惯养,而应让它在神面前变得透明。我应该倾听身体所言。通过疾病、残疾、痛苦,身体向我讲述我自己。我应接受它对我说的话,将其握在手中,让它成为我的一部分,与它和好。我也应该以同样的方式对待内心产生的想法,接受它们成为自己的一部分。但我还应区分,这些想法是不是从外部而来,阻碍我做自己。若是如此,我应该与之抗争,接受好的想法,让这些想法发挥治愈的功效。这才是善待自己。

三月十七日

承担自己的罪责,是人的尊严的一部分。我是会犯过错的。如果我对自己的过错轻描淡写,寻找借口为自己开脱,或将责任推卸到别人身上,那么,我就是在掠夺自己能够承担责任的尊严。罪责一直都是自由的表现。开脱罪责或者对其轻描淡写,这都会剥夺我的自由。而我如果承担自己的罪责,我会放弃一切自我辩解的尝试,放弃将罪责转嫁给他人。这是我作为人心灵成长的条件。只有这样,我才能从不断的自我责罚、贬低的牢笼中挣脱,才能找回我自己。向他人承认自己的过错常常能让人与人之间更加靠近,并加深彼此之间的理解。

三月十八日

与自己和好的意思是肯定自己现在的样子,肯定自己的能力和长处,同时承认自己的错误和弱点、危害和敏感的地方、恐惧和抑郁的倾向,承认自己无法与人建立信任关系,承认自己毅力不足。我应该温柔地看待那些我并不擅长的事物,那些完全与我的自我形象相矛盾的地方,我的不耐烦、我的惶恐,还有我那可怜的自尊心。这是件一辈子的事。因为即便我们因为自己早就同自己和好了而哭泣,我们的那些弱点还是会一再出现,让我们气馁,让我们恨不得将它们全盘否认。而这个时候,便是再度肯定我们所具有的一切品质的时候。

三月十九日

要在心底爱你的敌人。这并非易事。荣格（C. G. Jung）曾经提出过下面这个具有批判性的问题："我周济乞讨者，宽恕冒犯我的人，甚至以基督之名爱我的敌人，这无疑是崇高的美德。我对我兄弟当中最小的那位所做的，便是我对基督所做的。但是现在，如果我发现自己才是众人当中最卑微的，所有乞讨者中最贫穷的，所有冒犯者中最无礼的，是的，我才是自己的敌人，我才是需要接济的那个人，我自己才是应该去爱的敌人。那我该怎么办？"从心底里爱自己的敌人，接受神所创造的自己的样子，连同那些不符合自己理想的所有方面，这要求我们做道德上的抉择。然而，接受阴影并不意味着尽情享受阴影。我们需要了解它，充分顾及到它所发出的一些声音。但是，我们不应放弃自己的道德准则。我们需要时刻意识到，自己希望怎么生活，愿意遵守哪些价值。然后，我们才能选择，自己的阴影中有哪些部分是可以接纳的，而又有哪些部分是必须坚决抵抗的。

三月二十日

同我所受到的伤害和好也意味着,宽恕那些伤害我的人。可是,宽恕的过程往往是漫长的。它并非我有意为之便可为之。我必须再次跨越泪的河谷,之后才能到达和解的彼岸。在那里,我才能回首并感悟,父母并非有意伤害我,而是当他们自己还是孩子的时候也曾受到过伤害。

没有宽恕,便没有同自己人生经历的和解。我必须宽恕那些伤害过我的人。只有这样,才能放下过去,只有这样,才能从创伤的环绕中解脱出来,也只有这样,才能不受那些侮辱我、看不起我的人对我产生的消极影响。

三月二十一日

所有和好中最困难的无疑是与自己和好。我们常常陷入同自己、同自身各种愿望的争吵当中。当我们犯了错,损害了自己在外人面前的形象时,我们便无法宽恕自己。我们无法肯定自己的人生经历。我们所受的教育,我们生在这样一个世界,我们的人生梦想无法实现,我们在童年时代受到过深深的伤害,我们的成长受到了阻碍等等这一切,我们都在与之抗争。有些人终其一生都在对自己命运的控诉与抗议中度过。直到生命尽头,他们都在谴责自己的父母,谴责他们没有给予自己应有的关爱。他们谴责社会,谴责社会没有给予他们所期待的机会。他们的命运如此悲惨,而这都是别人的错。他们一辈子都觉得自己是牺牲品。通过这种方式,他们为自己拒绝生活找到了开脱的借口。他们拒绝同自己的人生经历握手言和,同时,他们也拒绝承担自己的人生责任。因为他们不承担自己的责任,所以他们也没有准备好在这个社会中承担一份责任。他们总是坐在原告席上。总是别人的错:政府、市长、政府部门、社会、教会、家庭。归根到底,不断的抗议与控诉让他们拒绝了生活本身。他们没有真切地生活过,而只是不断成为法庭前的控诉者,他们总希望评判他人,却从来不让别人评判自己。

三月二十二日

我们不应只满足于让自己不受狂热情感的控制,而应将这股热情整合到我们的整个人生中来。如果它们得到了整合,那么它们就会有利于我所做的一切。那么,我的灵性也会变得更加热情而富有活力。经过整合的激情会让我的工作硕果累累,让我同别人的关系更加深入,让我更愿意为别人付出。如今,人要做自己,一项重要的任务便是整合自己的性欲。性欲若是分裂,那么它不仅会对我们自己的心理产生致命的影响,而且还会影响我们与他人之间的关系。我们会不断窥视他人的私生活,暗地里探查他人的性需求。整合大于升华。我们说起升华的时候,指的是为了更高的缘故放弃性欲。而整合的意思是,将其注入我所从事的一切之中,注入我的祷告、我同他人的关系、我的工作、我的肉体、我的灵魂。谁如果能把在自己身上发现的一切都整合到自己的灵魂之中,谁才是真正高尚纯洁的人。他便没有瑕疵,便是完人。

三月二十三日

总有一天,我们必须同自己所经历与承受过的一切重归于好。只有在我们准备好,也同自己受过的伤害和好的时候,伤痛才会发生变化。对宾恩的希德嘉(Hildegard von Bingen)而言,人本质的使命在于,将其"伤痛转化为珍珠"。只有承认自己伤痛的时候,停止把责任转嫁给他人的时候,转化才会发生。而要与自己的伤痛和好,其前提是接受伤痛,并接受对那些伤害我的人的愤怒之情。

三月二十四日

　　宽恕是愤怒的终点而非起点。只要我们还对伤害我们的人心存愤恨，创伤就无法痊愈。刀若还插在伤口上，伤口就永远无法愈合。愤怒是将伤害我们的刀甩出我们体外，将伤害我们的人赶出我们心灵的力量。我们需要同伤害者保持适当的距离，才能走到其面前，端详其面容。而他如果仍在我们心中，我们就无法正确认识他。我们只能感受伤害，而看不到伤害我们的人的面容。如果我们在适当的距离之外注视他，或许我们就能发觉，他自己也是一个受到伤害的小孩，他只是因为被打了，所以自己也乱打一气，只是因为他自己病了，所以他把我们也害病了。

三月二十五日

　　许多人认为自己生活的杂乱无章全是神的责任。他们需要控诉，只有控诉才能让他们有理由拒绝生活。全都是神的错，让他们生在这样的家庭，让他们是这样的性格，让他们有这么多缺陷，背负这么沉重的负担。神对他们不公平，让他们跌倒，不关心他们。于是，他们生活在无法和解的状态之中,内心矛盾重重,对自己不满,对全世界不满,不断地反抗神,因为他们认为,有这样的命运,全是神的错。有些人难以设想,他们应该宽恕神。但是,如果神要求我们走这样一条道路,我们首先需要宽恕神,才能进而接受自己的人生经历。

三月二十六日

同自己和好包含着同自己的身体和好。这并非那么简单。我们无法改变自己的身体。与人交谈的过程中,我总发现,有许多人为自己的身体而苦恼。身体并没有成为他们所希望的样子,不符合时下社会潮流为男人女人塑造的理想形象。许多人觉得自己太胖了,因而感到难为情。他们还觉得自己的脸蛋不够吸引人。他们觉得自己的身体构造有诸多缺陷。女性为长得太高而苦恼,男性则为生得太矮而苦恼。可只有当我爱自己身体本来的样子,它才会美丽。因为美丽是相对的。有些玩具娃娃很美,但它们是冷冰冰的,也不会说话。美丽的意思是,神的美妙透过你闪烁着光芒。但只有当我接受自己的身体,并将其交付给神,它才会变得美丽。只有这样,神的爱与美才能穿透我们的身体,显现出来。

三月二十七日

井然有序的生活能为内心的芜杂带去些许秩序。外部的秩序让人能够避免受制于自己混乱的无意识。波依门曾说:"如果一个人谨守秩序,那他就不会感到迷惘"。

三月二十八日

对于和谐的渴望让人回避现实的残酷,遁入假象的世界。爱能够面对现实,它接纳现实并将其转化。只有被我们接纳了的东西,我们才能将其转化。爱肯定它所遇见的,这样,它便遵循了人生的这条基本原则。

三月二十九日

你无需为自己创造爱。你应该从神爱的源泉中畅饮,它在你体内涌动,永不枯竭。

三月三十日

我们经常能体会到,恰恰是在我们觉得走投无路了的时候,会有位天使为我们打开天国的窗户,让神渗透到我们的人生中来。在我们丧失希望的时候,会有位天使来到我们的生活中,让我们用完全不同的眼光看待一切。对许多人来说,穷途末路的危机便也成了一处发现灵修道路的地方。但灵修的道路并非随随便便一条什么出路,也不是跳过自身的危机,而是唯一一条让人能继续走下去的道路。如果说外在道路已经无路可走,那么我们只能在内心的道路上继续前进,这样,我们的人生才能继续。于是,在内心的道路上,我们发现了真实的自己,它会指明一条出路,让我们走出身陷其中的死胡同。

三月三十一日

你的创伤会因为治愈天使的存在而变成可贵的财富,宝贵的珍珠,正如宾恩的希德嘉所说的那样。因为在你曾受到伤害的地方,你会坦诚对待周围的人,如果他们讲述你受到的伤害,你会变得极度敏感。你会自己清醒过来。你会接触自己,真实的自己。但愿治愈天使能够带给你希望,你所有的创伤都会得到治愈,你绝不会仅被自己受到伤害的经历所定义,你完全可以活在当下,因为创伤并不能阻止你继续生活。相反,它们能让你好好活下去。治愈天使会将你的创伤转化为你和他人活力与祝福的源泉。

四 月

四月一日

　　我们心中有着许多平行存在、并不能构成统一的元素。我们一再觉得自己变得不同了。有时我们感觉很幸福,有时却又觉得悲伤。常常我们并不知道这是为什么。这一秒我们还满怀感激,下一秒我们却一下子被不悦和愤怒所充满,转变之快,一点预兆都没有。感激和不悦这两种情感,彼此看似并不相关,两者平行存在。我们觉得,感激的情绪会将我们充满,并伴随我们一整天。可就在我们稍不留神的时候,不高兴的情绪一下子占据了我们的内心。又或者,我们觉得现在我们总算对生活、对自己、对神充满了信心。可一转眼,我们又觉得十分惶恐。突然间,我们对疾病和死亡产生了深深的恐惧。我们害怕自己活不过今天。这一刻,我们觉得所有的信心都烟消云散了,认为我们的信心只不过是自己的幻想而已。我们无法将信心与惶恐、信仰与怀疑、满怀希望与希望尽失这样对立的经验结合起来。它们就那么互相矛盾地并存着,惊吓着我们。我们心中充满了毫无关联的各种事物,它们问我们究竟是谁。我们究竟是能够信任别人的人,还是满心惶恐的人,抑或二者都是？将一切结合起来的核心是什么？

四月二日

我们每个人时不时都需要远离日常生活的嘈杂与匆忙。不然,我们会在这样的喧嚣中迷失。我们只不过还在运转,却不再生活,我们已不再是我们自己。若你退回一处僻静的所在,可能你还随身携带着周围世界的嘈杂,要面对自己心中泛起的种种情绪,根本就不是件简单的事情。你需要一些时间来适应,远离日常的诸多问题。此时,你内心的退省才真正开始。你收敛自己,从日常生活中退出,放下手头正在忙碌的事情,接触到真实的自己,发现内心深处真正触动你的到底是什么。

四月三日

　　守斋是一条找到内在与外在和平的具体道路。如今，它又越来越受人们的青睐。如果守一个星期的斋，我会体验到自己的各种活动自然而然地变安静了。我的步伐变得缓慢，我感觉自己不再忙乱。这个时候，我可以专心高效地工作，但只要我一慌张，就会觉得晕眩，行为的忙乱让我晕头转向。守斋一开始，我会面对许多被我排斥了的想法与感受，尤其是愤怒与失望。我察觉到自己平时通常会马上吃些东西，来压抑这样的感受。食物能够填塞负面的感受，吃东西时我们便不会再去考虑这些感受。而如果我不向饥饿让步，忍受住饥饿，身体旧的运行机制就会崩溃。守斋是一种邀约，邀请我寻找充饥的另外道路。

四月四日

　　我究竟是谁？我最深切的愿望与渴求是什么？究竟什么会让我受伤最深？什么会让我觉得不满足、不满意？什么会让我感到不平衡？当我带着这些疑问面对斋期中自己心中的想法和声音，斋期实际上就会成为更好地认识自己的机会,让自己更加协调如一。

四月五日

我必须认识到自己的需求,并与其和好。这样,我才能与其保持距离。放弃并不仅仅是内心自由的一种表达,而且还会引领人通往自由。当我察觉到自己早上依赖咖啡,晚上依赖啤酒,那就差不多是时候该拿出一些时间来,比方说利用斋期戒掉咖啡或啤酒。这时,我又会重新感受到自由了。这会让我的自我价值感大增。

四月六日

为了能让自己的本质透过身体显现出来,我们应训练自己,尤其是针对自己的身体,让自己进入内在的和平。我们若只受表面冲动的驱使,那么这对我们自己和我们的身体都不是什么好事。关键在于,我们应追求自己最深层的渴望,它或多或少体现了肉体和灵魂之间原初的和谐。

四月七日

放弃的前提条件是拥有一个强大的自我。自我价值感不强的人,往往需要许多东西来填充自己内心的空虚。他总是在追逐更多。他以为自己在拥有生活所需的一切之后便会平静下来。然而事实上,需求和欲望接踵而至。自我限制不仅是自我强大的一种标志,也是强化自我一条具体可行的道路。当我放弃自己周围的人所拥有的一切,我才越来越能找到自己的身份认同。我自豪地感到,有很多东西都是我并不需要的。这会增强我的自我价值感,并让我能够更好地做自己,而不是流连于能够满足我需求的许多东西。只有做自己,我才能更加平静。

四月八日

德语中的"充饥"(den Hunger stillen)表达了我们早已熟知的一种机制。我们一般靠吃东西来充饥。母亲给孩子喂奶,是谓"喂养"(stillt)孩子。而孩子在吃奶时,会渐渐变安静。守斋以另一种方式来"平息"(stillt)我们的饥饿。守斋的时候,我们追寻饥饿的本原,体验到饥饿原来是对爱与被爱、实现与满足的渴望。母亲给孩子喂奶不仅是给孩子提供充饥的食物来源,还表达了母亲对孩子充满爱意的关注,它让孩子能够平静下来。守斋期间,我们放弃饱食与填塞。我们在爱中关注着自己的渴求。

四月九日

有一位教父曾经讲过这样一个故事,用来说明我们只有通过放手才能够享受。有个孩子看见一只玻璃壶里装了许多坚果。他伸手进去,想把尽可能多的坚果抓出来,可他攥紧了坚果的小手没法从窄窄的壶口拿出来了。他得先把手里握着的坚果放开,一个一个地拿,才能享受坚果。放手并不是我们必须费力苦修得来的成果,而是来自于对内心自由的渴望,认为只有当我们拥有独立和自由的时候,我们的生活才能真正结出果实。当我们不再依赖于别人对我们的想法和期待,不再依赖于别人的认可与关注的时候,我们才能接触到真实的自我。

四月十日

耶稣也没有放弃吃喝。是的,他还被叫做饕餮狂饮之徒。人生的目的是享受。神秘主义者说，永生存在于对上主不停息的享受之中。我们的目标是——"享受神(Frui deo)"。而我们如果不先学会享受神赠予我们的禀赋，自然也就无法享受神了。

四月十一日

我们可以将自己从某些依赖和嗜好之中解脱出来。而与此同时，年纪越大，我就越感觉到自己没法做到自己想做到的一切。即便拥有明智的判断力，熟悉心理与灵修的种种方法，我还是会一再陷入错误，这让我气馁，因为它破坏了我的自我形象。但当我站到神面前，让他看见我真实的样子，不咒骂自己，这时，我会体会到一种新的自由：我完全无需控制自己。我一直在不屈不挠地试图改善自己。但我总是撞上自己本身的结构，并一再跌入陷阱。当我向神伸出我空无一物的双手，我也会体验到完全的自由，不再有想把自己变得更好的虚荣心，不再责怪自己，也不再给自己施加压力。

四月十二日

不仅嗜好会对我们的灵性生活产生影响，就连吃和喝的各种方式也能对其产生影响。从一个人吃喝的方式,能看出他灵性生命成熟的程度。一个人如果狼吞虎咽,那他有可能也会如此对待受造的世界和神。他也会囫囵吞枣般地对待书籍,而无法真正享受它们。也许他还会荒疏惊叹的能力。吃饭的方式体现着我们同世界的关联。我们对待世界和神的方式与我们对待菜肴的方式是类似的。

四月十三日

　　守斋的目的不在于表面的成果,而在于它是否能让我变得更加敏锐、良善与仁慈。我不应忽视自己最基本的需求,而应在守斋的时候学会如何更好更宽厚地对待它们。我不该完全不依赖吃喝,但我更应该带着一份敬畏之心吃喝。我不应狼吞虎咽,也不应把进食当作承认自己本能一般地容忍,而应学会真正地享受用餐,为来自神的禀赋而喜悦。时间一长,我会更有意识更慢地吃饭。吃得越有意识,我就越不会陷入饮食过度的危险,这有益于我的健康。每个人都察觉得到自己的极限究竟在哪里。这并不是我们随意设置的外在限制。我们的身体会知道什么对我们是有益的。我们应更多地倾听自己的身体。而想要倾听自己的身体,我们必须创造出一种沉静的氛围。只有在这种氛围之中,我才能发现,身体是我在灵修之路上最重要的伙伴。

四月十四日

我们不应该无休止地给自己填鸭式地塞入新的信息,而应将那些我们所听到所读到的少量信息保存在自己心中。于是,它们会改变我们。于是,我们能以此为生。朋霍费尔(Dietrich Bonhoeffer)在提格(Tegel)监狱中写下了自己是如何将记忆唤醒,而这些记忆又是如何在狱室的孤寂中给他带来光明与慰藉的。他能够将自己与他人的交往、礼拜仪式或音乐会上的感受铭刻在心,并能在冷酷的时光中以此为生。朋霍费尔的那种保存有治愈力的言语及经验的能力,回答了荷尔德林(Hölderlin)的悲叹:"悲哉冬日,我去何处采花,又去何处沐浴阳光?"朋霍费尔保存着他的神性经验之花,即便在残暴的纳粹帮凶那片荒芜的沙漠里,这朵花仍旧绽放。他心中保有阳光,哪怕自我封闭之人的冷酷也无法奈何他。

四月十五日

要有健康的身体,首先要有良好的心思。反之亦然。若我用食物填塞自己的身体,那我也无法期待自己的神智还能保持足够的清醒。

四月十六日

你的话语从沉默而来,通过沉默变得掷地有声。你或许还认识一些人,非要把脑中所想的一切一吐为快才好。这样的人让人觉得十分难以相处。他们保守不了秘密,一刻也不能安静。很显然,他们害怕沉默。而这样一来,他们也就无法让自己心中有任何东西成长。他们进入不了自己的内心,感受不到自己的灵魂。他们仅仅活在表面的空谈之中。如果你同这样的人在一起,你只会盼着能有一些不必同任何人说话,完全缄默的时间。你可以享受沉默。没人想从你这里得到些什么。你可以只做自己,在沉默中倾听心中泛起的声音。

四月十七日

我们不只有一副躯体。如果我们想要向神敞开自己,首先要从我们的身体开始。如果我们想要属于神,那么首先也必须在身体上表现出来。守斋"圣化肉体,并最终将人引领到神的宝座跟前"。它将我们带到神的面前。它保留着那个激励我们去追寻神的伤口,这样我们才不会太快地去别的什么地方,人也好,世上的美景也好,我们追逐着,满足自己的渴望。守斋让我们不至于过早地掩盖伤口,或者用替代的满足感来填补。它让我们真实地感受到自己最深切的使命,那便是在我们通向神的途中,只有神能平息我们内心深处的不安。

四月十八日

在一段时间内放弃某些平时看来不言而喻的东西,对我们会有裨益。这并不是说要严厉地对待自己,而是一种证明,证明我们还是自由的,并非毫无希望地将自己交由我们的需求任意处置,我们还有自由的意志,可以自主决定自己希望什么,不希望什么。这种自由是我们尊严的标志。不再自由的人会听天由命,会越来越受到外部因素的决定。这会让他堕落。他会越来越受本能的驱使。一切都没有目的。守斋期是一段能让我们证明自己还是自由之人的时间。这种证明是件好事,它会提升我们的自信。守斋期间我们所做的放弃,不仅是一条通往自由的道路,还是我们现在所拥有的自由的一种表达。

四月十九日

对于古代的僧侣来说,灵魂与肉体之间显然存在着一种密切的联系。身体肥胖的人,其灵魂也会臃肿麻木。吃得太多会阻碍人精神的警醒。身体与灵魂的健康构成统一。这条当今心理学的道理,我们能在古代僧侣以及早期教父的文献中一再发现。

亚他那修(Athanasius)曾写道:"看呐,守斋带来了什么!它治愈疾病,吹干身体里多余的水分,驱赶恶灵,消除错误的想法,让人神智更加清楚,让心灵纯净,肉体圣洁,最终,它将人带到神的宝座跟前……守斋是一股强大的力量,带来巨大的成果。"

四月二十日

要展示真正同情心的人,必须具有经受苦难的能力。如今,我们面临着灾难消息的巨大洪流能将我们与外界隔绝起来的危险之中,因为我们压根无法一次性承受如此多的苦难。我们并没有亲眼见到这些苦难,只是从电视上得知。它们离我们十分遥远。同情心要求我同那些受苦的人站在一边,要求我做好准备与他们分享我的时间与心思。分享并不意味着我将同别人的痛苦融合在一起。当我与别人分享我的内心,我的心中总有一块地方是没有被痛苦触碰到的。于是,这一小块心中的净土能够观察别人的痛苦,并考虑如何才能给予帮助。而我心中的另一块地方则敞开心扉,感受别人的痛苦,让别人能够进入我的内心。因此,苦痛之中,人与人之间能够发展出减缓痛苦、寻找出路的对话,商讨如何克服痛苦。

四月二十一日

做人不可或缺的是其有限存在、自身界限与弱点以及死亡必然性所带来的痛苦。然而,许多人都不希望知道自己的存在是有限的。他们的姿态就仿佛神一般。这种姿态当中包含着原罪,即想像神一般地存在,拥有无限权能,无限的自我,不受任何阻挠。灾祸便由这一原罪产生。现在,人们开始互相躲避,因为人毕竟不是神,而是赤裸裸的。现在,人们开始互相嫉妒,为了保持自己的强大,便要赶走别人,正如该隐一般。复活节前的斋期,教会将受难的神带到我们眼前,这样我们才能放弃想要像神那样存在的自我强大的妄想。

四月二十二日

尽管一直在谈论死亡与复活,可我仍不确定,自己的死亡将会是怎样的。死亡依旧是一种信仰的冒险,让自己落回神爱的双手之中。此时此地,死亡就已经让我在神之中,而不是在成功中,在举扬起我的神爱之中,而不是在承认与确定中寻找自己的根源。于我而言,死亡是一种邀约,让我细致深入、有意识地度过每一刻,在时间之中编织永恒,不牢牢抓住自己不放,为的是能够将自己完全交付到当下临在的神手中。于我而言,死亡是希望的表达,希望神为我预备了永恒的未来,使我不至于从神爱中跌落。神爱是我在此生于死亡中存在的基础,它保障我不会跌入虚无,将我保存在真实的存在中,让我在对神的直观之中忘记自己,完完全全地此在,完完全全地实现永恒的神为我所设想的那个肖像。我相信,死亡之中,神会实现我最深的渴望。

四月二十三日

若我们触及到存在的奥秘,我们便必须也按照这奥秘生活。因为只存在于头脑之中的知识必会再度消逝。若知与行分道扬镳,那我们自身也会陷入分裂。不过,我们的行为总是离信仰知识有一小段距离。当我们越来越关注自己的人生奥秘之时,我们也会越来越强烈地由此出发去生活。

四月二十四日

适用于耶稣的,也同样适用于我们。我们知道,归根到底,我们也是来自于天父,并将回归到天父那里去的。因此,我们同样要知道,该怎样在耶稣面前留下我们爱的印迹,哪怕我们死后仍清晰可见。对某一个人而言,爱的印迹存在于他注视他人的方式之中。对另一个人而言,爱的印迹存在于他乐于助人的品质当中。还有的人,其爱的印迹存在于真诚对待他人面临的困境,为朋友舍掉性命的爱之中(参考若15:13)。对某一个人而言,这份爱通过一张表达其内心爱焰的照片变得清晰可见。而对另一个人而言,爱表现在他的作品之中,表现在他所作的画、所写的信或书之中。还有的人,他的爱表现在他与别人交往的记忆之中,表现在他对别人所说过的话和他的行为举止之中。我希望,人们和我通过广阔心胸所留下的印迹连结在一起,广阔的心胸没有自我怜惜,因为它喜爱人们,它想要唤起他们心中仅此一次的生命。但我同时也知道,我们每个人的心胸常常又是多么狭窄,产生着阴暗和破坏性的想法。

四月二十五日

照亮却不损害荆棘丛的火焰正是一幅代表爱的图像,它同时也可以代表性。《魔笛》中,帕米娜(Pamina)和塔米诺(Tamino)所要越过的熊熊炽焰,代表了炙热的激情。他们两人必须通过火与水的考验,才能将激情转化为真正持久的爱情。燃烧着的荆棘丛向我们预示着,爱能给我们心中干涸枯萎的地方重新带来生命,爱也恰恰能将渺小鄙陋转化为美好。爱所及之处,会带来改变。爱的轻柔抚摸会让僵直生硬的人也舒展开来,会让将人隔绝开来的隔膜软化,光线会照进紧闭的心灵中黑暗的苦楚。神性与人性之爱会将我们空虚燃尽的心重新变为充满阳光与美好的地方。

四月二十六日

为了变得更加成熟,为了能够进入自己灵魂深处,我们必须穿过只有两块石头那么宽的窄道。这条路上,我们不应总是尝试人性与灵性成熟的新方法,因为这样做只不过是在逃避狭窄拥挤。总有一天,我们必须要有勇气穿越窄道,哪怕要为此掉一层皮,哪怕会受伤,会磨破皮。做决定是越走越窄的过程。但若不穿过这窄道,我们就永远无法成熟,无法成为新人。我们外在的人逐渐损坏,这样,我们内在的人才能日益更新(参考格后 4:16)。

四月二十七日

认为必须自己解决一切的人,将自己的责任感看得太重,他也把做人看成是一项艰难的任务。轻松一些并不意味着随随便便或者漫不经心,反而是建立在对神的深度信任之上,相信自己在他的双手保护之下,相信他会为我们作安排。轻松也意味着,我们不必在他面前表现自己。即使我们有时候会失败,也不是什么太糟糕的事情。因为我们不能为此而欺骗神。如果我们没有达到自己的设想,那就只会对自己感到生气。

四月二十八日

我们常常按照一些想法和原则生活而不自知。而在察觉不到的情况下,我们的脑海和心中会产生一些异议。只有在沉默中,我们才会发觉并面对这些异议。不忙碌的时候,我们会去追踪这些决定着我们行为的想法。按照古代教父的教诲,针对这些想法和异议的解药是《圣经》上的话语,它们能够帮助我们克服这些引诱。在《圣经》中寻找解药的时候需要注意的是,要找尽可能简洁、易于诵读背记的句子。检视耶稣的话语,我们就能发现,他的许多话都具有谚语一般的"迷人力量":"没有人能事奉两个主人。"(玛 6:24)"凡你们愿意别人给你们做的,你们也要照样给人做。"(玛 7:12)"任凭死人去埋葬他们的死人。"(玛 8:22)"凡高举自己的,必被贬抑。"(路 14:11)耶稣的许多话语不是毫无缘由就变成了民众的口头俗语的。通过这些话语,我们能学到道理,并能依此道理生活。

四月二十九日

陪伴我们的天使带领着我们进入生命的奥秘。当我们觉得一切都毫无意义的时候,他们为我们揭示意义之所在。没有正确的解释,我们就无法正确的生活。我们阐释生活的方式也是我们体验生活的方式。天使对我们所阐释的生活,正是神所看见它的样子。只有我们相信其阐释,人生才会幸福。

四月三十日

所有向我们阐释命运的人,我们都把他们当作天使。我们时常觉得他们就是复活天使,给予我们新的信任感,让我们走出听天由命的日子,走进新的生命。

五　月

五月一日

我们对群体隐瞒的一切,都会使群体失去活力。如果我们宁愿对群体隐瞒自己的弱点,那么我们的群体可能会在很重要的某一点上失去光彩。群体的意思是,我们同大家分享一切,分享我们的优点和缺点。不过,我们也需要保存自己私密的空间。只有在每个成员都被允许并且能够为自己而存在的时候,群体才得以建立。

五月二日

据我所知,在有些群体里面,大家都害怕别人将自己所发表的见解据为己有。于是,他们中间就没有对话产生。大家都只做做表面功夫,没有做好互相分享自己想法的准备。但只有当我们互相交换分享想法,才会产生新的想法,我们才会通过交流丰富自身。我们应该连自己的灵修经验也互相分享。只有这样,它们才会对别人产生益处。如果在自己的经验中坐井观天,我们便不会以感恩之心享受它们。由于害怕别人参与到我们的经验中来,我们便对别人关闭心扉,这实际上也孤立了自己。

五月三日

近与远,爱意与敌意,理解与不解,同情与孤独各自形成整体。它们分别代表整体当中的两极,两极相互作用的时候,才会对人产生有益的影响。而如果有人只愿停留在其中的一极,他便同生活擦肩而过,陷入错觉与幻想之中。在友谊中只愿体验一致的人,会迫使朋友越来越与其保持距离。他恰恰是在追求永久的一致时,创造了实际上的分裂。只有当我有意识地接受一致与分歧、近与远、爱意与敌意之间的张力时,才能建立起一种生命力持久的关系,这会带来更高层面上的一致。

五月四日

真正的自由在于,我能够自由地关心另一个人,实现他的愿望,同时,不用出卖和背叛自己。

五月五日

坦诚对待他人的意思是诚实和坦率。诚恳地向他人表达自己观点的人,别人便知道听到的是实话。这种坦诚的人对我们而言是福。他们不会在背后议论。对这样的人,我们也可以敞开自己的心扉。因为他们诚实可信。即使他们对我们说了不太好听的话,我们也知道,他们的本意是好的。他们不会满脸堆笑,心里却藏着种种保留意见或偏见。他们是什么样就表现成什么样。他们敢于对我们讲真话,因为他们是自由的。他们不依赖于我们对他们的赞同。因为他们内心沉着,所以他们可以一如既往地诚实,哪怕有人因为受不了他们的批评而远离他们。愿坦诚天使赠予你这样的诚实与坦率,让你能够内心自由地对别人说出心里的感受。

五月六日

诚恳的人要求我们面对自己内心的真相。与诚恳的人为伴,我们无法隐藏自己。但我们也不必隐藏自己,我们能找到勇气展示真正的自己。

五月七日

互相理解的意思是,我们不要为了自己而利用别人,要同别人和平相处,保持友好的关系。做到这一点的前提是,我们每个人先把自己做好。只有当我们首先理解自己,对自己有足够的认识了,我们才能同朋友相互理解,友好相处。

五月八日

许多关系破裂的原因之一便是我们对对方提出了过于严格的要求。我们期待着,对方能够把自己管好,没有错误,理解我们,从我们说的话中听出我们心中的愿望,为我们着想,给我们安全感和家的感觉。我们期待对方有我们自己身上所没有的。这样一来,我们便苛求了对方,也苛求了我们之间的关系。只有当我们用一种温和的眼光来看待别人的缺点的时候,我们才能够与他共处。只有当我们心胸开阔,对方本来的样子能在我们心中有一席之地,我们才有可能友好地共处。

五月九日

在你想为别人调停,调解你周围互相敌对的双方之间的矛盾之前,你必须首先同自己和解。你还要同周围的人和平共处。这并不意味着,你为了与人达成一致就必须压抑自己的感受和需求。相反,若为了和平的缘故压抑自己的愤怒,你并不会同那个令你气愤的人真正地握手言和。你必须正视自己的感受。不应评价自己的感受。它们都有各自的意义。

五月十日

如果只有在其他人跟我们做伴的时候,我们才觉得有些活力,这是不符合我们的尊严的。这个时候的我们不是因自己而生活,而是因别人的恩慈而生活。得到别人的馈赠，是件美好无比的事情。但是，无法感受自我，独立生活，总是等着别人来，我们才能感受到自己的话，会让我们产生彻底的依赖。这种依赖感让我们愤怒，因为它夺走了我们的尊严。实际上，我们需要对自己和自己的感受有大量的耐心。因为这样的自由并不是由单纯的意志所决定，而是一个漫长过程的终点。在这个逐渐迈向自由的过程当中，我们应该心怀感激地接受别人对我们的馈赠，并将其纳入自己的生活。这样我们才会越来越感受到自我，并体验到别人在我们身上所激发出来的品质。我们越是感受到自我，做自己，就能越自由。

五月十一日

理解我而不评判或谴责我的人，对我有一种治愈和解放的作用。最终，这样的人让我能够说出长久以来压抑我而我却一直在忍受的事情，因为我曾为之感到羞愧，因为它们不符合我的道德观。而在我向某个人坦承这些的时候，它们便失去了毒药一样的作用。我便不再需要将自己的全部能量都用在掩盖这些令人不悦且难以启齿的事情之上了。它们得以重见天日，因而也得以发生转化。

五月十二日

同自己协调一致的人,能在自己的周围缔造和谐。这种和谐并非矫揉造作的和谐,而是让所有的观点与争执、所有立场不同的人都汇集到一起的和谐。纸是包不住火的。各种立场都会被大家审视,并被更加清晰地表达出来。每种意见都会受到尊重,不会被立刻评价。每个人都可以提出自己的观点。大家可以开诚布公地进行讨论。问题被彻底探讨一番,直到一切信息都汇集起来,大家都能心平气和地接受某种兼顾各种意见的解决方案。这不是矫饰的和谐,而是找到了一条出路,这是一条即便有互相矛盾的立场,也足以让大家一同走下去的道路。

五月十三日

爱的意思首先不在于有爱的感受。爱从"liob"一词而来,意思是善良。爱首先需要的是信仰,好的眼力,然后才能爱,才能善良地行动。爱首先需要一种新的眼光。请爱的天使赠予你新的双眼吧,让你能够以新的眼光看待周围的人和自己,让你能够发现自己和他人善良的核心。

五月十四日

善待别人的人是宽厚的。宽厚的人散发着热度。从他善意的眼神、和气的话语，我们能感受到他的宅心仁厚，善良主导着他。善良从本善的灵魂中散发出来，灵魂由善良的灵所充满，它同它自身协调一致。自己灵魂善良的人，也会相信别人的善良。因为他看得见别人的善良，所以他也会善待别人。他通过自己善良宽厚的行为唤起了别人心中善良的核心。

五月十五日

正是那些想要掌控一切的人，那些因为害怕犯错被人抓住把柄而控制自己的感受、伴侣、言谈举止的人，才无法真正地付出。他们缺乏过幸福生活的一个本质层面，即他们无法同别人以诚相待。不付出，人无法相爱，也无法生活。

五月十六日

我们没有谁能完全客观地对待邻人。大多数时候，我们都透过自己内心负面投射的镜片来看人。我们将自己的错误投射到对方身上,然后固定这种观念。我们根本没有注意到,自己是怎样局限住对方,又是怎样片面地看待对方的。信仰的意思是,用善意的眼光看待对方,发现他身上的良善。这里的问题同样是,哪种眼光于对方而言更为公正,哪种眼光更加现实。我们的负面投射并不是简单地从天而降,它们总还是能在对方身上找到着眼点。从这种意义上说,它们是客观的。然而这样说来,我们总归还是在用负面的眼光看待对方。用善意的眼光看待对方,并不意味着我们无视他身上不好的方面。我们只是透过不好的方面看到好的核心。而他身上这个好的核心也是客观存在的。只不过我们常常忽视了这一点。

五月十七日

爱不但善待人,还让人成为良善的人。爱唤起信仰在对现实赋予新的解释的过程中发现的良善。爱转化现实,让现实变好,塑造其中的善。信仰赋予新的解释,爱带来改变。

五月十八日

每个人身上除了错误和缺点,总还是有些值得称道的地方。对负面的方面暂时不予理睬,转而采用正面的话语,这个时候,我便为对方赋予了新的解释。我不试图改变他,而只是试着用不同的眼光看待他。这样做起码让我改变了自己。而对方也会察觉到这一改变的。

五月十九日

不管"爱"这个字的含义受到了多大的玷污,每个人的心底里都还是渴望爱的。我们渴望能被另一个人毫无保留地爱着。当我们爱上一个对我们的爱做出回应的人,我们便会感到开心,心花怒放。我们的容颜焕发喜悦。我们知道对方也是无条件地接受我们并爱我们的。童话中,爱能让变成石头的人重新活过来,能让动物变成人,还能让被某种欲望所控制的人——在童话中这些人往往变成了动物,或是被女巫、被心中的恶意施了魔法的人重新变成美丽的王子公主,他们讨人喜爱,令人羡慕,他们会从此幸福地生活下去,这也让人感到幸福。

五月二十日

心中充满爱的人,会爱自己周围的一切。他对每个人都充满了爱意,唤醒每个人的生命。他连对待小草也充满了敬畏与爱。他知道,依照《塔木德》,神给每棵小草都预备了一位天使,好让它们能够生长。他满怀爱意地注视着夕阳西下。他感受到了神对自己的爱,神的爱在他心间涌动。他所做的一切,都打上了神爱的烙印。他从爱出发而工作。他因为爱而歌唱,因为爱寻求一种表达。自古以来,人们便在爱的语境中谈论爱的天使。对那些爱我的人,我会说:"你真是个天使。"在我感受到爱的时候,我会有一种天使进入了我的生命的感觉。

五月二十一日

如今,许多友谊和婚姻的失败,都是因为我们每个人都忠于自己,每个人都害怕将自己交托给对方。那是一种对失去自由的恐惧,害怕对方会任意摆布自己,害怕自己陷入对方的专横与恶意之中。然而,不将自己交付给对方,也就不会有任何关系可以成功地得以建立。因为如若不然,每个人都会充满恐惧,试图控制自己和自己的情绪,以及自己的言行举止,不让别人抓住自己的把柄。但这无益于信任的增长,对方也无法表现出他会同我好好相处,不会滥用我的信任。将自己交托给对方并不意味着要放弃自己。只有当我接触到自己,知道自己究竟是谁,才能交托出自己。这其中也总是包含着一丝风险。我跳脱出忠于自己时的那种安全感,将自己交托到对方手中。这只有在我知道对方并非恶魔,而是天使的情况下才能实现,他用双手接纳我,支持我,他是为了我好。

五月二十二日

德文里"温柔"(zart)一词包含的意境有:可爱、被爱、有价值、熟悉、身体的、精细的、美好的、柔软的。当你爱一个人的时候,你只会很温柔地对他。你不会催促他,不会尖锐地批评他,粗暴地对待他。你不会强迫他告诉你他所有的秘密。你以温柔而呵护的方式接近他。你谈吐温柔,对待其他人也温文尔雅。在这样一种温柔的氛围中,对方觉得自己受到尊重,感受到自己的可贵,发现了自己的美好,温柔因此也表现在温柔之中,温柔的触碰、抚摸或亲吻。在这样一种温柔之中,涌动着人与人之间的爱,这种爱不会握紧不放,也不要求占有些什么,而只是放开、尊重、理解他人的秘密。

五月二十三日

爱上一个人,我们就会想要与所爱之人相处,完全不想自己一个人待着,想同所爱之人待在一起。我们想要花时间同自己所爱之人相处,因为爱人对自己而言意味着一切。这样的奉献能让人体验到一种新的财富。为自己所爱之人奉献,我们就会从这份爱当中得到丰富的馈赠,我们会觉得自己更加富有、更有活力、更自由。

五月二十四日

如果有个心情愉悦的人来到我们身边,我们便会说:"现在太阳都升起来了。"有些人是太阳之子,他们走到哪里就会把欢乐和活力带到哪里。我愿你成为别人的太阳。也许你已经对此有所体验了,曾听到别人对你说:"你今天就像太阳一样耀眼。你进入房间的时候,整个房间都变得更加明亮温暖了。"这个时候,太阳来到我们中间,光芒四射,快乐无比。我们大家也因此感觉更加美好。

五月二十五日

要能够接受自己、爱自己。你要有孩子般的笑容,要有内心仍保持孩童模样的人的那种精致的幽默感。做人若是太认真,那他要不就是想当大人物,要不就是看不起自己,在真实的生活中过于小心翼翼。爱自己就是要爱自己的原本模样。

五月二十六日

不被别人对自己的期待所决定、不一心只顾围着自己转的前提条件便是爱。人只有自主自由,才能够无私地为他人奉献,才能在奉献的过程中不掺入自私的因素,正如我们通常会做的那样。也只有这样,才能在为他人奉献的时候,不局限于只为提升自身名望,增添别人对自己的赞赏与认可等诸如此类的想法。

五月二十七日

我明白我需要他人才能走出自己的道路。我与人交往,但也会对人放手,不把自己与他人捆绑起来。自由与纽带之间,自由自在同与人交往之间的这种张力,属于人性本身。只有自由的人,才能与人建立纽带。而不独立的人则会依赖他人。当我们需要一个人的时候,我们其实利用了他,也伤害了他的尊严。

五月二十八日

爱不会蒙蔽人看清现实的双眼,但它超越了人与人相互间的摩擦。它透过可见的表象,看到了对方身上不可见的良好意愿、善良核心,以及正面可能。它从这些方面出发对待对方,这样便缓解了许多摩擦。摩擦变得不那么不可调和了,它们没有被否定或被压抑,而是被接受,被转化。

五月二十九日

真正的爱是不会向对方提出任何要求的。它坦然接受对方本来的样子。它冷静地察觉对方心中的想法:不满、敌意、对权利的追求、希望被认可、阴谋,以及对善的渴望。爱不伪装,它会转变既有事实。它会唤起身患疾病的人心中的良善。它不害怕冲突。因为它能超越冲突。有冲突的时候,它也还是会问,真正对对方好的是什么。当爱超越了这一层面,它便不会在冲突之中抓住情绪不放,而始终会去寻求真正的解决方案。

五月三十日

只有当你把自己的秘密,以及你的另一半、孩子的秘密都藏在心中,才能在家庭之中真正体会到在家的感觉,哪怕家庭中有再多的陌生感和距离感。只有能够保存秘密的地方,才是家。

五月三十一日

向爱的天使敞开你的心扉吧,连同你的愤怒与气愤,嫉妒与惶恐,兴味索然与失望。因为你心中的一切都会被爱转化。

六　月

六月一日

马克·吐温（Mark Twain）认为，我们这个时代的繁忙正是没有目标，没有方向的一种体现："当他们失去了目标，他们便开始加倍努力。"有目标的人，会贯彻自己的目标，而不会不断地催促自己。看不到目标的人，才会试着用行动主义来填补内心的空虚。他觉得自己很重要，因为他有许多事情要做。他想要证明给自己看，他的人生过得很有意义，他总是在做着什么重要的事情。但如果他看得更仔细些，便会发现，他所忙碌的，常常不过是白忙活一场。他只是想用忙碌来填补空虚，空虚就像危险的深渊一般，埋伏在他匆忙的身影背后。维希留（Paul Virilio）为这种经验披上了文字的外衣："速度造成空虚，而空虚引来匆忙。"一个人越忙，心中越是觉得空虚。而反过来,他又试着用忙碌和勤快来填补空虚。于是便产生了他无力再突破的恶性循环。

六月二日

内心深处,我们不间断地站在舞台上,思考着我们必须做些什么,说些什么,才能得到应有的掌声。伴随着对荣誉的追求,我们对他人的意见总是心怀恐惧。我们害怕辜负周围的环境对我们的期望。我们惶恐地思索着,别人是否也会发觉我们的错误和缺点。我们无法心平气和地走进社会。我们给自己施加压力,让自己拥有好身材,让别人都看得见我们。我们受到了外在的操纵。只要我们被攥在别人手里,我们就总是活得小心翼翼,永远也无法活出自己的真骨气。

六月三日

许多人都好像受到了一种强力的胁迫。他们无法享受自己所拥有的。他们失去了自己的中心点,忘记了自己的尺度,所以他们只能依靠别人来度量自己。他们必须比别人获得更好的成效。于是,他们被别人的需求所左右,不接受自己的尺度。张弛有度的人才能内心平静。了解自己尺度的人,才会对别人强加给自己的需求说"不"。

六月四日

我觉得我们这个时代的一个基本生活感受就是内心矛盾。许多人都觉得自己的内心充满矛盾。他们觉得自己被别人对自己的各种期待来回撕扯,职业上的、家庭中的、堂区以及社区中的。他们通常不知道自己扮演的到底是哪一个角色。他们频繁地转换角色,甚至连自己都无法了解自己究竟是谁了。

他们的内心无法恢复平静。就算晚上下班回家,他们也无法停歇。不安的感觉如影随形,伴随着他们入睡。心神不定的他们无法做真正的自己。他们无法接触到真正的自己。他们总是赶着赴一个又一个的约。他们的灵魂得不到喘息,灵魂并不在身体所在的地方,无法完成众多的义务。

一则古老的僧侣传奇描述了这种内心矛盾:

> 沙漠教父波依门问另一位沙漠教父若瑟(Joseph)道:"请告诉我,怎样才能成为一名合格的僧侣?"若瑟答道:"如果你想找回平静,不管在什么地方,那么请在每

个举动之前对自己说:'我——我究竟是谁？不要评判别人!'"

六月五日

波依门的问题实际上是:"我怎么才能彻底地存在?"我怎么才能完全投入到自己所做的事情当中？我怎么才能作为完整的人生活,不管什么时候,不管什么地方都同自我和谐一致？我怎么才能在自己所做的,并且常常让我感到矛盾的许多事情之中,找回自我的完整性？除了要超越我所扮演的各种角色,所佩戴的许多面具,指向真实自我之外,波依门还要求年轻人不要评判别人。评判别人,我就不是我自己,而是在做别人。因为判断别人的时候,我分了自己的心。波依门想引导提问者好好做自己。只有这样,我们才能发现自己究竟是谁。只有这样,我们才能找到自我的统一和完整。

六月六日

不管有心还是无意,我们总还是相信着我们必须赢得自己存在的权利,我们既要在神面前证明自己,那是为了能够在他面前生活，又要在人前做出些成就，以便能受人欢迎。这可能会成为一种完美主义的倾向，强迫我们避免任何错误。

六月七日

许多人只会抱怨自己无法平静，可是他们从来不问根源在哪里。他们想把握住自己的不安，想与其正面对抗。可是这样一来，他们永远也无法克服不安。因为当我把握住什么的时候，我并不平静，相反，我很紧张。我们可以试试一直攥紧拳头到底是什么感觉。攥紧拳头其实就是"我想把握住什么"这层意思的形象表达。可攥紧拳头之后，我会变得局促不安。什么都无法流动。但我还是无法平静。我得拼命抓住些什么，要不然它们就会从我身边溜走。这不是平静，而是一种僵化，让我恐惧地盯着那些随时会爆发的让我无法平静的东西。

六月八日

贪婪从不让人平静。我们无法为我们所拥有的一切感到喜悦，反而会无止境地指望着我们可能还会用得着的东西。它让人整日犹豫着是买这个好呢,还是买那个好。可是只要买了,我们就无法再喜欢已经买下的东西了。下一个欲望又开始了,还是让人无法安宁,直到再一次买下来才能满足这个欲望。有些人完全被购物欲所驱使。拥有本身并不是什么坏事。对财富的渴望最终也还是来自于对平静安定生活的渴望。财富是平静的预告。许多人却对财着了迷。他们被驱使着去追逐更多的财富。他们的内心没有足够的财富,于是他们便向外部寻求财富。

六月九日

那种被活着,被外力驱策,被决定的感觉让我们感到不满。爱自己关键在于好好地利用自己的时间,好好地对待时间对我们提出的挑战,并把外部对我们的规定转化为我们自身内在的一部分。当我们感觉到自己是被别人决定的,从一次约谈赶赴另一次约谈,我们就会经历异化。陌生的事物控制了我们的生活。爱应该将陌生的东西转化为我们自身。

六月十日

忧虑激发我们工作,为自己挣得生活来源,为将来打下物质基础,增加财富,为了终有一天,我们能够过上平静安定的生活。

耶稣对人的理解与此不同。人并非首先是忧虑着的人,而是信仰着的人,信靠着为自己操劳的神,并且知道自己被神悉心呵护着。

山中圣训里,耶稣告诫他的门徒不要忧虑:"不要为你们的生命忧虑吃什么,或喝什么;也不要为你们的身体忧虑穿什么……你们中谁能运用思虑使自己的寿数增加一肘呢?"(玛5:25——译注)

六月十一日

用来表示圣神的图像是火,炽烈的火焰。圣神通过火舌降到门徒的身上。火是活力的象征。当我们说一个人胸中燃烧着熊熊烈火,意思是,他很有活力,充满力量,双眼闪烁着火花,浑身散发着生命力、爱与喜悦的气息。圣神降临节是庆祝我们活力的节日。我们渴望富有真正的活力,能够真正地去爱。我们往往觉得自己燃烧殆尽,空空如也,无聊无趣,毫无感觉,缺乏激情。我们觉得体内没有足够的驱动力。如果接受这种经验,我们就会发现,其实我们心中渴望着永不枯竭的生命源泉,永不衰退的力量,永不熄灭的炽焰。我们已经预感到,要有像圣神一般的精神存在,它从神而来,在我们体内,参与并向我们传达生命的丰盈。

六月十二日

"什么都没有,便是拥有一切。"这是古往今来各种宗教中智者的态度。只有心不依赖于被创造的事物的人,只有能放开别人皆依赖的事物的人,才是真正自由的人。

六月十三日

我们总是在工作中追逐着自己的身份与自我的确认,因此我们对自己提出了过高的要求。如果我们仅仅把工作当成任务来完成,为工作而工作,而不是为了被人认可,那我们会少一些局促和愠怒,而且我们能完成同样额度的工作,甚至还能更多更有效地工作。我们对自己的工作目标期望过高,而这并不是工作的本意。我们希望得到别人的认可,希望得到称赞和尊重,希望能够证明自己可以做到些什么,证明我们的工作是有价值的。这些次要的意图消耗了我们大量的精力。

六月十四日

曾经有人问过一位教父,问他为什么从来不感到恐惧。他回答说:"因为我每天都思考着自己的死亡。"对于死亡的思考让他不再害怕来自别人的威胁、疾病或意外,失败或者被拒绝。如今,萦绕在很多人心头的恐惧,归根到底总是与死亡有关。我们害怕与亲爱的人分离。我们害怕生病死去。我们害怕失败,害怕无法符合别人的期望。我们害怕出丑,害怕遭到别人的拒绝。而当我注视着死亡,别人对我怎么想也就不再那么重要了。我不再关心自己是否成功。在死亡面前,一切建功立业的虚荣都褪尽了色彩。

六月十五日

惶恐的忧虑会给精神蒙上阴影。这样,我虽然会为将来感到担忧,但我仍旧不会理智地行动。恐惧会促使我做出无意义的开销,投资无意义的保险。耶稣希望将我们从惶恐的忧虑中解脱出来,这样我们才能理性地承担起自己和家庭的责任。这其中的关键在于,既为将来担忧,同时又能放下这种担忧。我应当尽力而为,其他的一切则都交由神来定夺。

六月十六日

义务并不是开放的对立面。它们是两个极点,而我们同时需要这两者才能够合理地生活。当其中的一极被排除在外时,我们便会失去平衡。如果我一味只想以开放的态度面对新的事物,我将永远也无法穿过某扇门。久而久之,我终将面对一扇又一扇紧紧关闭的大门。而如果我只想遵守义务,我将窒息而亡。我同时需要这两者:约束与自由。如果真有这一刻,我会同时需要这两者,才能开始某种新的东西。那些因为害怕受到义务的约束而选择离开的人,永远也无法成长。首先,如果大家都无法遵守义务,我们也就无法再作为共同体继续存在下去。

六月十七日

如何看待每一天和每一天新的挑战,是我自己的选择。我可以把等着我去做的一切都解释为对我的苛求,我对此完全没有兴趣,这一切都毫无意义,反正没人看得起我,如此等等。这样的看待方式会让工作真的成为一种负担。我会觉得自己无法胜任,会很快感到困倦。连身体也会承受压力,绷得紧紧的。医生会从我的身体症状做出压力过大的诊断。但这一切的根源并不在于既有事实,而在于我自己的心态。当我将每一天看成是神给予我的挑战,每一天既是神赋予我的任务,我又会得到神的陪伴,将每一天也看成是机遇,让我可以去创造良好的人际氛围,在工作中帮助他人,并且为与人合作而感到高兴,那么,我不但会带着积极的态度去工作,并且工作也不会那么快让我感到困倦。我会充满想象力和创造力地去工作。哪怕是在单调的工作中,我也总能找到新的可能,做出新的成绩。

六月十八日

倘若我们的日常生活仅仅被纯粹功能性的关系所填充,那我们会因此生病。那样的话,我们的灵性生活便只能正常维持,而不再闪耀着神的良善和友好对待人类的光辉了。为了让我们的灵性生活保持健康与活力,我们需要良好、热忱、精巧的人际关系,让我们能够为别人付出时间。真正的友谊也能让灵性生活结出硕果。

六月十九日

相比起一直要去战胜对方的压力,那种让对方活得自由的爱则显得轻松许多。超越胜利与失败的层面,我便也超越了一定要坚持自己意见的持久抗争。突然之间,我会发现与对方相处的时候有了许多积极的可能性。我会为他所拥有的价值感到高兴。这并不会削减我自己的价值,相反,这会让我也拥有他的财富。我们只需要继续发挥一下想象力,跳脱出成败的局限,达成一种新的秩序作为解决问题的方案。爱的本质就是跟着直觉走,创造出富有想象力的解决方式,发现新的道路与可能。爱让人想出新的点子。有时,爱有些疯狂。但与无止境的胜负游戏相比,即便是爱的疯狂解决方式也要显得人性化许多。

六月二十日

我们担心钱是否够用,考虑拿钱来做些什么。我们感觉自己拥有的总也不够,还需要更多,并且总也走不出这样的怪圈。这些想法其实是这个怪圈在我们的意识当中的表达。而它们的根源则埋藏得更深。那是一种尚未表现出来的欲望,它的存在固然合理,让我们能够负责任地生活,但它却常常越过自己的界线。审视内心的想法和异议,我们便能发现,我们对财富和认同这两种紧密相连的事物的渴望是多么地夸张,它们能让我们的内心多么地不安和不满。

六月二十一日

聪明的人不光会用理智思考,还会用心思考。他用心地对待自己面前的机遇。他看得到粗心的人无法发觉的一些细微差别。聪明是实践理性,它将知识转化为符合现实的行动。倘若我们认识不到此刻最重要的是什么,那么我们知道的再多也无济于事。

六月二十二日

工作的内容已经交给我,这一点我无法改变。但是如何工作是我自己的事情。掌握了工作的方式,我便连工作的内容也能转化。我所雕琢的石头会成为我心境的一种表达。交给我的工作同样是一块石头,经由我进行工作的方式,也会被塑造成我心境的表达。我的爱塑造并改变着交给我的事物的形态,最终,爱会将它们转化为我自己的一部分。

六月二十三日

教育孩子的人都知道,赞美的话语能产生多大的影响。当我以赞美的态度表达出对方的好,我自己心中的美善也随之被唤醒。赞美不会忘记对方也有消极的不应该受到称赞的方面。但赞美的话语有意言及美善,把美善用语言表达出来,让它生动鲜活。说出来的话语具有影响力。说出来这个举动,从某种程度上也成就了被说出来的事物。

六月二十四日

我们会阐释自己所做的一切。我们不是简单地忙于工作,我们会评论自己的所作所为。我们公开做的评论会影响我们的心情。我们对自己工作所做的评论,取决于我们的心情,同时也能影响我们的心情。工作中取得了成就,我们也会感到开心。

如何评论自己的人生其实取决于我们自己。

六月二十五日

如果我当着神的面工作,工作本身也会成为祷告。在神面前工作,我便以自己的行动对神做出了回应,我便可以全心投入其中,不必分神。这是因为,我是在对神的顺从中投入工作的,而我的投入便是回答神的临在。神的临在影响着我的工作方式。工作仓促草率,想一次性解决所有事情的人,总是一而再地从神面前离开。事实上,当着神的面工作,这要求我内心平静,不慌不忙,从本心出发,集中精力地完全投入工作。

六月二十六日

许多人对自己的身体规律施加暴力。健康的每日作息规律具有治愈我们的能力,实际上这会让我们的工作效率更高。我们对祷告以及工作时间的安排也应符合身体的自然规律。这样的话,我们就不需要总是强迫自己做一些不符合本性的事情。长期保持健康生活作息的人,能体会到这样做对灵魂和肉体具有双重的好处。说到底,本笃会规中"祈祷与工作"(ora et labora)的意义也在于,没有健康的生活方式也就过不了健康的灵修生活。

六月二十七日

健康的生活方式在于合理地安排时间,也在于处理一天之中最重要的事情。例如,工作时,头应该摆成什么姿势。工作时的我们,究竟应是僵直拘束的,还是能够感受到自己的本心,从本心出发工作?工作时,我们都有些什么样的感受和想法?我们就让这些想法和感受顺其自然地发展,还是以积极的态度有意识地影响它们?工作时,我们的心同神在一起呢,还是同我们自己在一起?我们全神贯注地专注于手头的工作呢,还是心不在焉,完全是在发泄?

六月二十八日

从不安到平静的道路在于有意识地感受一切,每一刻都活得警醒。这样,我就不再同不安作对,而是有意识地感受它,我注意着不安时自己心里发生的一切。这样谨慎的注意已经转化了我的焦灼不安。我顺其自然,不去对抗它。它虽然还在那里,可它已经无法控制我。我静静看着它。它可以存在,但它无法再决定我。我心中直视着不安的那一点不再受到不安的感染。我同自己的不安交上了朋友。这比我暴力地反抗它要更能让我平静。我注意着不安是怎样在我的身体和想法中表达出来。我观察着它的发生，它逐渐增强又逐渐平息。我有意识地体会着我的不安，不让自己受到它的控制。恰恰在不安之中，我重新获得平静。

六月二十九日

对呼吸的关注能把我们的意识引向内心，并产生宁静。只要我们脑海中仍在想事情，我们就无法平静。因为头脑不容易平静下来，各种想法乱哄哄地错综交织。呼气的时候，可以设想我们干脆打开大脑的阀门，让脑海中的想法一股脑儿都放走。持续这个动作一会儿，我们便能够平静下来。

六月三十日

平静从灵魂开始。首先，我们的内心需要回归平静。然后，身体也会受其影响，平静下来。心静下来之后，我们的举止也变得从容不迫，动作在平静中发生，我们也参与到神创世时的宁静中来。

七 月

七月一日

土耳其有句谚语说:"匆忙是魔鬼发明的"。我们谈论的是"天国的宁静"。我们这个时代,许多人的精神普遍承受着重压。不但如此,连我们的灵魂也受到损害,困于匆忙之中,苦于当今的经济大潮下"冷酷无情"的压力。如果一切都必须进行得更快,如果我们想在工作过程中节省每一分、每一秒,如果不能再有休息时间,如果一切都还在继续加速,那么这时就需要平衡的力量:发现缓慢。许多东西都需要通过缓慢和安静重新被发现。我们需要的不是加速,而是减速。

七月二日

"从前有个人,他很讨厌自己的影子,而且他连自己的脚步也都不喜欢。于是,他决定离开它们。他对自己说:我干脆一走了之好了。于是,他站起身来走了。可是每次他脚一着地,便又多走了一步,影子还是紧紧跟随着他。他对自己说:我得跑快点。于是,他跑得越来越快,跑了好久好久,最后体力不支,倒在地上,死了。如果他一开始就直接走进一棵大树的绿阴里去,他早就摆脱了自己的影子;如果他一开始就坐下,也不会再有脚步的增加。可他就是没有想到这一点。"

干脆坐到大树的绿阴下,现在许多人都想不到这个点子。他们宁愿像庄子所讲的这个故事里的主人公一般跑开。那些离开自己影子的人,他们即使把自己跑死了,也永远无法平静。

七月三日

有些人永远无法平静,因为说到底,他们害怕没事可做。他们害怕在安静的时候平静地面对自己的真相。当我再没有什么可以抓住不放的时候,我对人生的全部失望都会涌现出来,我会发现自己的人生根本不对劲,我为别人所付出的到头来都是一场空。我继续生活着,只是为了摆脱心中的怀疑。但事实上,我不相信自己所做的以及自己的生活还有意义。一切皆为虚空。我要摆脱这虚空。要不然我的良知会说话,我会产生罪恶感。我害怕这样。于是,我要离开安静平和。对我而言,最坏的事情便是突然必须面对自己的真相。我无论如何也想避免这样的情况,所以我总是得做些什么,忙些什么。于是,空闲的时间也都变成了压力。为了填补空虚,我连休息的时候也忙个不停。回避自身现实的那些人,也总是在逃避着自己。而且他们还抱怨自己压力太大。其实,压力是他们自找的。他们无法平静,因为他们打从心底里就不愿意,因为他们被深层的恐惧所驱使。

七月四日

许多人都成了自己忙碌生活的奴隶。总得发生些什么事情,对他们而言,最坏的事情便是没什么事情发生,这样他们也就无从抵挡逐渐显现出来的真相。

只有面对自己的真相,我们才能自由。当然,这个过程一开始会很痛苦。我们会意识到,自己在排斥些什么,在哪些事实面前我们闭上了眼睛,因为现实没有如我们所乐意看到的那样发展。只有当我们相信自己身上的一切都被神的爱所环绕,我们才能毫无恐惧地面对自己的真相。

七月五日

我们对自己目前的生活状态不满意。但与此同时,我们又害怕放弃自己所熟悉的,不敢做出内在和外在的变革。可只有当我们准备好重新上路的时候,我们才会真正体验到生活。

七月六日

德语中"冒险"(Abenteuer)一词来自拉丁文动词 advenire,将临,到来。神来到我们身边,对我们而言这便是冒险,我们所熟悉的确定感和安全感全部坍塌。许多童话都在讲述一个人期待神降临的故事。他正准备着一顿丰盛的大餐。但突然发生了其他的事情,打断了他正在准备着的大餐。一位穷人来敲门,请求帮助。他把穷人打发走了。又有个年轻人来敲门,可年轻人妨碍了他等待神的到来。实际上,神已经以这些可怜人的形象来到了我们的身边。但我们脑海里有着非常固定的神的形象，因此，我们忽视了神真正的到来。我们总是等待着会有不同寻常的事情发生，根本没有意识到，神其实每天都来到我们身边，他有时化作请求我们帮助的人，有时则化作冲我们微笑的人。

七月七日

我们的人生常常被比喻成道路。我们常梦见自己站在路上，我们走的是陌生的道路，或者，我们一开始走的是熟悉的道路，可路却在突然间戛然而止。接着，我们绝望地四处乱撞，寻找着某个目标，这个目标可以是一座城市或是一栋房屋。或者，我们就像生了根似的站在那儿，一动也不动。这些都是我们目前人生道路的真实画面。我们最好能在探究良知的过程中关注一下这些画面，并询问神希望通过这些画面告知我们正处于怎样的存在状态，我们现在应该走哪一步。

七月八日

漫步对于抑郁的人尤为有益。抑郁的人不应反复思索自己，而应做好出发的准备，让自己的身体紧张起来。思索常常于事无补,只能让人陷入无法挣脱的恶性循环。漫步则让人试着走出恶性循环。因为漫步的时候,我们不再仅仅停留在自己脑海中。头脑中的再三思索推敲,常常让我们连自己都无法确切感知,我们只是站在自己的旁边,透过一定的距离观察自己,有时甚至都不知道自己是谁了。漫步的时候,我们重新同自己的身体合为一体。我们感受到自己正在流汗的身体,浑身充满了活力与能量。我们体会到自己的生命力,这能让我们从恨不得将我们吞噬的抑郁中挣脱出来。漫步的人不会让自己被吞噬,他会挣脱那些让他恐惧害怕,像乌云一般袭来的想法的魔爪。

七月九日

行走能向我们揭示生活的意义和目标。行走的这一特质可以从语言中推导出来。"意义"(Sinn)这个词语,原本的意思是行走、旅行、寻找踪迹、确定方向。行走的意思就是寻求、询问意义、寻找目标。走在人生道路上的人,探问着自己的人生意义。我们行走的目标归根结底不是此世的,我们朝着终极的安全感,朝着可以永久居住的故乡走去。诺瓦利斯(Novalis)在其小说《海因里希·冯·奥夫特丁恩》(Heinrich von Ofterdingen)中是这样描述行走的:"我们走向何方?家是永恒的方向。"

七月十日

当我们问,为什么所有宗教都用路来比拟人生,我们会发现,人在路上所经历到的以及将要经历的一切是如此深刻,它们对于我们的人生来说同样适用。漫步不光在于向前走,锻炼身体,做有意义的休闲活动,更在于在行走的过程当中,人最深层的意识被唤醒。我们体会到自己从本质上讲就一直走在路上。任何一个地方都不是终点。死亡对每一个故乡都提出了质疑。死亡告诉我们,我们是这个世界上的陌生人,寻找着能够永久居住的永恒故乡。我们知道,一路上,我们必须一直走下去,不能停滞不前,否则我们会面临自我分裂。如果我们想要忠于自己,我们便得继续行走。如果我们想成为真正的人,我们就必须在行走的过程中转变自己。这样,当最后的转变——死亡——来临之时,我们可以被生命完全充满,完全改变。抵那个时候,我们便完成了自己的使命,抵达了家乡。人活着,没有一刻是在家的,我们永远都在回家的路上。

七月十一日

梦境中的道路有时候越走越窄。我们要穿越那窄路,就像出生一般。内容更加丰富的新生命就在窄路的尽头等着我们。梦境中,我们常常站在十字路口,不知该往哪个方向走。有时,路标上写着奇怪的地名,让我们回想起一些灵魂深处的东西,现在,我们需要让它们进入我们的意识。有时,路上突然冒出来一只认路的动物,这代表了我们的本能,给我们带路的还可以是一个小孩,或一位天使。在做了这样的梦之后,我们真应该感谢主,感谢他为我们指引道路,告诉我们应该倾听些什么。

七月十二日

不安中蕴含着能量。我们不必急着马上遏制不安。我们必须先弄清楚,这份不安想要把我们带往何处。它告诉我们,生活中还有些不对劲的地方,我们还没有同神为我们预备的形象达成一致。我们把自己塞进了紧身衣,紧得透不过气来。而不安则让我们有勇气解开紧身衣,自由活动。我们不要同不安对着干,不妨利用一下不安中蕴含着的能量。这样,它便会自动消散,因为它完成了使命,把我们送上了新的旅程。现在,我们已经不再需要它了。我们必须先仔细观察自己的不安,看它究竟是对我们有益的,让我们不要踯躅不前,驱使我们在真正成为人的过程中和转变的路途上前进的,还是对我们不利的,让我们无法活在此时此刻,让我们对眼下最必要的事情视而不见。这种无益的不安只会撕扯我们,除此之外,别无它能。

七月十三日

找到内在和外在宁静的道路在于清除所有那些我们并不真正需要的东西,让我们有足够的空间能继续生活,享受家中的安宁。如果东西塞得满满的,就不再有什么东西能邀请我们去歇息一下。到处都摆满了东西,目之所及,我们所能想到的是我们本来应该怎么利用它们,拿它们来做些什么才不会让它们白白摆在那里。这样的想法常常让我们陷于必须做出行动的境地。为了让这些东西不是白白买来的,我们必须拿它们来做些什么。我们必须让自己忙起来,而不只是简单地享受自己拥有的闲暇时间,享受被赠予的时间。

七月十四日

忍受自己,不要分心,即便手边连本可以读的书都没有。这其实并非易事。我们或许认为可以利用这些时间学习。或者我们可以做些早就该做的事情。但重要的是,我必须有意识地什么也不做,单单坐在那里,体验在神面前的自己。我心中浮现出什么?我到底在想些什么?我内心受到怎样的触动?也许我会感受到愤怒、恐惧或不满。把自己的经验付诸笔端的早期教父曾经将这样的做法比作安静地坐在水边,等待鱼自己上钩的渔夫。鱼上钩了,渔夫钓起鱼,甩到岸上。修道士也一样,他应该警醒地坐在心灵海洋的岸边,等待自己的想法和情绪之鱼上钩。那时,他就能捕获它们,甩到岸上。在心灵的岸边安静观察的人,不仅能捕到上钩的鱼,还能像从镜子中一般看清自己。

七月十五日

廊下派哲学认为我们的人生就是一场永不停息的节庆。我们欢庆自己是有着神一般尊严的人。这从我们行动的缓慢之中可以窥见一斑。我们慢慢地拿东西,慢慢地行走。我们花时间与人交谈,花时间吃饭,我们吃得很慢,吃得极有意识。突然间,我们发现食物是多么好吃。我们可以享受。当我们极其缓慢地嚼一块面包,我们便是在欢庆节日了。

七月十六日

奥古斯丁(Augustinus)认为,通往平静的道路在于我们再度触及自己的渴望,把自己的嗜好转化为渴望。在渴望中,我们体验到自己心中有一个位于世界彼岸的核心,它超越了这个世界。接触自己的渴望时,我们一下子就能认同自己现在的人生。这样,我们便能告别对生活所做的、让自己陷入不满的幻想。人生不需要十全十美,也不需要实现我们所有的愿望。总有余下的一些事情是只有神才能实现的。

七月十七日

在渴望中,我感受到自己心中有某个超越日常生活的点。这个点是生活中一切风暴安静的风眼。它让我从摆脱自己立刻就要实现愿望的不安中解脱。如果我知道,只有神才能实现我内心最深处的渴望,我就会宁静沉着地接受生活现在的样子,哪怕它有高潮也有低谷,哪怕它受到诸多限制和阻碍。

七月十八日

许多人要求自己必须毫无危险地生活。针对一切危险的情况,他们都必须得到保障,这样他们就不会出什么事。可是,得到的保障越多,他们就越活得不安全。渐渐地,他们变得什么也不相信。一切都必须有保障。没有足够的保障,就没有任何行动的勇气。如今的政治和经济形势都十分清楚地表明,这样做会让人越来越僵化。只有当我们鼓起勇气,敢于承担犯错的风险,才能走出这个死胡同。

七月十九日

能心怀感激接受死亡的人,才不会害怕死亡。不畏惧死亡是我们能够感到自由的前提。对死亡闭上眼睛的人,一定会持续生活在对死亡的恐惧之中,就好像恐惧小偷随时会盯上自己一般。他一直在逃避,被恐惧驱使着一再逃离死亡的真相。我们的人生并不属于自己,我们没有权利要求长寿,我们从神那里得到了生命,最终也得将生命归还神,这才是真正的自由最深层的原因。

七月二十日

如果真想得到宁静,我就得同自己的不安对话,问问看它想对我说些什么。不安从来就不是仅仅因为外部生活条件所造成,这当中总有我自身的原因。

七月二十一日

我的头脑可能还是会不安。头脑中仍旧充斥着各种各样的想法。可在脑海深处,一切都是平静的。我可以放心地下潜。威尔伯(Ken Wilber)把冥想比作潜水。海面上波涛汹涌,丝毫不平静。可我们潜得越深,四周就越平静。冥想就是潜入内心的平静之中,它藏在我们的心底。"通往平静"这个说法指的是平静本来就在那里,我们无需刻意制造平静。平静是我们心中一个随时可以回去的空间。

七月二十二日

夏日清晨,当你漫步于缀满露珠的草地,你会觉得自己更加清新,更有活力。当你光着脚走在草地上,整个身体都焕然一新。露珠同时也是一种邀约,邀请你注视这片草地,惊讶于阳光与露珠的嬉戏。那是未被破坏的。你不忍毁坏这充满奥秘的场景。你受到邀请,只是注视着、端详着、惊奇着。夏日清晨让灵魂重新喜悦起来。这时,你便能理解《圣咏》中的诗句了:"晚间虽令人哭涕,清晨却使人欢喜。"(咏 30:6)露水能涤净灵魂昨日的哀愁,让它焕发出崭新的光辉。

七月二十三日

时间与永恒的合二为一恰恰总是同感官经验结合在一起,这便是看似矛盾的所在。灵恰恰在物质中感知,在空间中感受无限,在时间中感受永恒。当感官完全敞开,我便也完全存在,于是我能体验到绝对的宁静。我沐浴阳光,能够感受到皮肤上阳光带来的温暖。当我完全感受到皮肤所感受到的,不安的灵也会回归平静,完全去感受。它不再困于头脑之中,不再不断地制造不安,而是进入感官之中,同时也就通往了平静。人于是会有合一的感受产生,精神同感官合一,时间同永恒合一。

七月二十四日

每当我们忘我地注视着一朵花、一派景致、一幅画,我们便能感受到时间与永恒重合于其中的绝对宁静。当我们完全投入其中,注视者同被注视者之间便不再有区别,两者合二为一。这个时候,时间也静止下来。或者,当我们凝听着巴赫或莫扎特的某一篇舒缓的乐章,当我们不受干扰,完全忘我地投入凝听,我们也能预感到这种宁静。我们便在时间之中触碰到永恒。凝听之中,时间也静止。有时我们看书的时候也会这样。我们正读着一本书,突然间书中有什么内容触动了我们。我们无法继续读下去,只是怔在那里,也没有反思什么。我们只是存在于那里。

七月二十五日

沉默,惊奇,祷告,在神面前回归平静,这些都是灵修生活的组成部分。就连用餐方式也能表现出一个人是否能够做到上述这些。圣本笃将就餐看成是一件神圣的事情,这一点并非偶然。修道士们并不仅仅从被造的世界结出的果实中得到饮食,同时还从餐前诵读的经文中得到食粮。饮食是一件灵与灵修的事件，是接受和吸收神的馈赠和言语。饮食的外在形式会对整个人都产生影响，灵魂也好，身体也罢。如今，饮食常常没有文化可言，尽可能快点吃完，以便填饱肚子成了饮食的关键(快餐)。餐前祷告不仅是虔诚的表达，还可以成为一种饮食文化。

七月二十六日

灵修生活不是单单发生在头脑之中的，我们还必须让整个身体都受到它的荫庇。这其中就包括了健康适度的饮食。而如果我们缺乏灵修上的动机，那么再怎么争取适当饮食也是徒劳。如果我们只是关注自己的体重和身体状况，那么富有健康意识的饮食也可能成为一种意识形态，从而变得毫无乐趣，让人紧张。我们应该看到身体与灵魂的统一。身体十分重要，我们必须注意身体的法则，有意识地适当饮食对身体有好处。适当的意思是，我们不必过分保养身体，而是让它能够保持开放和透明的状态，好接受神的圣灵。

七月二十七日

居住空间也会影响我们的健康。这不仅指错误的建筑方法,有毒的建筑材料,或错误的建筑地点,例如建在地底有小水脉之处或地震带之上,还指我们布置居住空间的方式。有人过分拘泥于整齐,也有人居住得毫无文化可言,这样会伤害灵魂。因此,我们的灵性应当注意房间的布置和整齐。在外在的秩序之中,我们的灵魂才能有序。挂上美丽的图画,有品位地摆放家具,这些都会对灵魂有好处。我们不应依赖于外部事物,但也应该考虑到,自己是仰赖视觉生活的,应当保健自己的双眼。

七月二十八日

所听的音乐对我们产生着持续的影响。周围的噪音也会对我们产生影响。因此,必须善待自己的耳朵。如果让它们接受持续的噪音,我也会生病。有种音乐也像噪音一般,能崩坏我的心灵。同样的道理也适用于电视节目。我们无法只看电视而不接受电视节目对我们的影响。问题是,到底哪些画面会陪伴我们一整天,是电视中的画面,还是《圣经》中能够治愈我们的画面。

七月二十九日

睡眠不仅是身体必要的休息,还是灵魂必要的恢复。睡觉的时候,灵魂以另一种方式运行。下意识变得活跃,它们在梦境中显现。梦中的现实同意识清醒时面对的现实一样真实。梦中,我们的下意识开始阐释并评论每天发生的事,以及我们在成为自己的道路上的现状。我们应当关注这种阐释。因为我们对事物有意识的看法通常十分片面。在梦中,我们能够看到每天到底都发生了些什么,它们对我们又有什么意义。

七月三十日

人应当保证自己得到适当的睡眠。睡得太多的人,会变得懒洋洋,常常会逃避现实。他不愿面对现实,因而躲起来睡觉。睡得太少的人,没有节制。他高估自己和自己的重要性,不肯承认失败,不愿放手。当然,每个人所需要的睡眠量不一样,但我们都应检验一番,一方面,我们的睡眠需求是否过度,另一方面,我们是否睡得太少,是否对自己要求太高。

七月三十一日

真正的宁静是体验永恒的一部分。奥古斯丁在思考第八日,也就是复活日的时候,就是这么看的。他认为第八日是我们参与神永恒安息的日子,他说:"因为那永恒的宁静在第八日得到延续,并不以第八日的结束而结束,否则,它便不成其为永恒。因此,第八日重复了第一日曾经发生过的,原初的生命不会消逝,它会被打上永恒的印记。"

八　月

八月一日

　　生活乐趣天使不但愿意在主日和节日带你进入人生的喜乐,并且从一大早开始,就让我睁开双眼面对一整天的奥秘、那些已有的小小喜悦、打开窗户时透进来的新鲜空气、淋浴时自己的身体、早餐时刚出炉的面包,以及我今天将要见到的人。生活乐趣天使牵起我的手,让我看到生活本身就是美好的。保持健康,活动身体,也是美好的。自由呼吸让人愉快。有意识地感受着生活每一天带来的惊喜不愧是一件乐事。

八月二日

　　遗忘本身的目的在于忘我。能够接受自己是一种巨大的恩慈。但在所有恩慈当中,最大的便在于能够忘我。我认识一些只顾自己的人。度假时,他们无法完全融入美丽的风景,因为他们总是在问自己,有没有安排好正确的行程,会不会他们本来想去的另一个地方天气会更好一些。当他们遇见一个人,他们会想,那个人会对他们怎么想。这样一来,他们就阻止了自己与那个人的真正交往。当他们祷告,他们会问自己,这么做对自己有什么用。在他们所做的全部事情当中,都有一个大大的自我挡在中间。忘我是一种境界,它让人确实地活在当下,完全融入正在发生的一切。只有做到忘我,我才真正地存在。只有当我不再一个劲地想自己,考虑自己给别人留下的印象,我才能融入每一次相遇、每一次交谈,享受人与人之间产生的联系。

八月三日

亘古以来,人类就在自然界中发现了自身的生命法则。自然欣欣向荣,后又归于沉寂,如此循环往复。人类也是一样。人类在庆祝自然界生息往复之时,也在肯定自身的命运,同命运和解。基督宗教的一些节日,追根溯源,其源头仍有异教自然节日的痕迹。某些人可能会认为这是应该加以克服的异教残留物,但实际上,教历年与自然节律之间的联系是有益于我们的。在周围发生的事情之中,我们看到了自己身上发生的事情的一种象征。作为属灵存在的我们不应凌驾于自然之上,我们本是植根于自然之中。赞同这一点,并与之和谐生活,那么我们便是从中受益了。

同自然保持同一律动,而不是非要营造出与我们的本质相矛盾的人工节律,这对我们的心理健康也是有益的。遵循自然法则生活的意思即是,遵循我们灵魂的本质生活。

我们的确依赖于自己周围所发生的事情,依赖于四季的变换和周围自然的状态。梦境中,经常有自然画面向我们展示我们的现状如何。依照教历年举行的宗教礼仪吸收了自然界的画面,好让它们对我们产生治愈的效果。自然界中的生命会帮助我们体验自身的活力。

八月四日

景色不依赖于语言。但如果它们不被语言表达,不被歌唱,便只是苍白的存在。只有当我同别人谈论起这景色,赞美它,在诗中歌唱它,这景色对我以及对其他人而言,才是真实的。只有赞美的言语才会唤醒潜藏在风景中的生命。僧侣们在日课中吟唱着对造物主的赞美,这赞美,让被造世界之美展现在人们眼前。于是,赞美的语言成了神创世的共同塑造者和维护者。神创造的语言在人身上起了作用,而被造世界在被神的恩慈而感动的人赞美的回答中走向完满,这或许是赞美神的最高尊严了。

也许有些人会认为,这么说太夸张。但当人们从修道院旁经过,知道在那里,神每天都受到赞美,那么,他们的世界都会因此发生改变。四处只看到环境被破坏的人,会对被造世界之中的神视而不见。而因一己私利剥削这个世界的人,会对创世的奥秘视而不见。本笃会的修道院中,僧侣们不仅歌唱被造的世界,还通过美丽的教堂建筑,通过庆祝礼仪的方式来表达这个世界的美。这么做不但尽到了宗教上的义务,还发挥了人的想象力和创造力,有尊严地赞颂神的美。

八月五日

人越是没有目标,越是会匆忙,越是会阻碍自己享受眼前的片刻时光。"休假"(Urlaub)这个词原本来自于"允许"(Erlauben)。休假的时候,我们应该允许自己去享受闲适的时光。闲适是匆忙的对立面,被过度安排计划的休假会让人匆忙。闲适是对存在的肯定,让自己沉浸到现实之中,仅仅只是存在,没有需要做什么事情的压力。

八月六日

现如今,人们似乎都普遍缺乏耐心。大家都不愿意看到事物的成长过程,而希望马上看到成果,立刻实现需求。人们不愿意花时间去看一朵花儿渐渐开放,一棵树慢慢长高。因此就制造出了许多麻烦。而这样做,并不会让经久的事物成长。同样的不耐烦也表现在对孩子的教育当中。人们几乎不能容忍孩子们经历挫折,而是一下子就陷入恐慌,认为必须马上制止挫折。我们的政治也受到短浅目光的影响。每天,大家都在为新的解决方案拍手叫好,而就在当天,这些方案又会遭到否决。人们越是想要快点解决问题,各个政党的运作就越是陷于停顿,最后什么也不会发生。匆忙徒劳无益。匆忙的人工作效率要低于安静从容工作的人。

八月七日

观察笼子里的黑豹时,我们会惊奇地发现,它的动作是多么从容,多么缓慢。我们知道,下一刻,它又会以令人难以置信的疾速扑向猎物。但它有时间,它给自己时间。而对我们来说,时间就是金钱。

我们想要尽可能地节省时间,好用来做更重要的事情。但问题是:对我们来说,什么才是更重要的?省下来的时间,我们往往也做不了什么。我们常常太匆忙。可我们到底在忙什么?

八月八日

我们不该成为被欲望驱使的人,不该成为任人驱使的人,而应成为有益于人生的推动热情的人,在多样性中塑造生活。

八月九日

极度不安的时候,最好能通过长时间的散步或到林间跑步来缓解不安。走路的时候,我能够忘却内心的不安和我身陷其中的问题。丹麦的宗教哲学家克尔恺郭尔(Sören Kierkegaard)曾有过这样的经验,没有什么忧愁是他不能摆脱的。即便只是安静地走路,也能够让我忘却烦心的事。但这并不适用于在成绩压力下慢跑的情况,在成绩的压力之下,我只会默数着我给自己订的慢跑公里数。我必须把自己完全托付给运动本身。运动的时候,我让内心的不安归于平静。当我在散步之后,进入一个房间冥想,我会比之前更加平静。所有的内心不安都已经烟消云散。正是在这样一个繁忙的世界,我们才更需要一些具体的方法来驱散不安。除了散步、慢跑之外,我们还可以在花园里劳动。通过身体来排放体内多余的蒸汽,之后我会平静得多。

八月十日

克尔恺郭尔是这么描述行走的:"首先,绝不要丧失行走的乐趣!为了保持健康,我每天都坚持走路,并以此远离各种病痛。散步的时候,我脑子里装的是自己最好的想法,我还不知道有什么烦恼会沉重到让人无法排解的地步。"

八月十一日

坚持走路,沉浸于有规律的运动,不要想太多,这能成为一条清理之路。我们是可以放下许多事情的。内心的不安若停息下来,那些前一刻还让我们生气或愤怒的事情也会平静下来。我们不再焦躁不安,灵魂的秽物也随之涤净。许多人都有这样的经验,通过走路让自己平静下来,比坐在那里沉默不语还要让人平静。尤其是对于神经容易紧张兴奋的人来说,散步比静坐更有用。走路的时候,人更容易放松自己的精神。

八月十二日

走路的时候,我们保持着运动的状态,这样一来,我们的思想也更容易活跃起来。脚不断接触又离开地面的规律运动能够让身体释放其内部所积聚的紧张感,这样的紧张感往往反映了灵魂的冲突。这样能让我们摆脱不安和烦恼,让我们更加平静安宁。在有意识地抬脚和落脚的过程中,给我们的身体和灵魂带来压力、不安和污秽的一切都会随之流散。漫步过后,我们感觉自己的内心得到了清理和成长。因为心中的垃圾被清除了。

八月十三日

刹那间,时间与永恒融为一体。我们完全处在当下,连时间都静止了。我们每个人或许都有过这样的经验,十分出神地看着日落,根本没有意识到,时间已经过去了。当我们格外密切地关注某事,我们便会忘却时间,而正是在那里,时间停止了流动,我们仅仅置身纯粹的此时此刻,纯粹的现在。这便是永恒安息的感觉,而我们在此时便已置身其中。

八月十四日

冥想是一条引领我们到达内心平静之地的道路。冥想并不是说我们要一直保持完全的静默。我们不应抱有完成任务的心态。冥想与集中精神没有关系。想法还是会不断涌现,我们无法让其停止。但如果我们并不在意它们,而是通过话语和调整呼吸逐渐深入自己的灵魂深处,可能会出现某个我们内心完全安静的时刻。然后我们会察觉到:现在,我才触碰到了本质。

八月十五日

梦境能给我们提供灵魂底部、无意识中所发生的一切的线索,无意识的思想不集中同样也能给我们提供这些线索。它们指出了我们内心的向往。当我们注意到,我们总是在想着同样的东西、某些特定的人和事,或者我们脑海里总是萦绕着同样的问题或计划,我们就能从中得出关于自己的非常有价值的结论。一旦我们以这种方式更好地认识了自己，我们就不会分心，并且有能力集中精力向神祷告。

八月十六日

当我了解了自己的渴望，便会对自己人生的这种比上不足比下有余的状态感到知足。这样，我便能够放弃对人生的一些不切实际的幻想，例如，幻想我的工作必须能够完完全全实现我自己，我的家庭能够始终和谐地共同生活，或者是我总能成功，得到所有人的喜爱。许多人都非常顽固地坚持这样的幻想。而当现实生活中这些幻想并没有实现时，他们会排斥这个事实，转而将自己的生活描绘得出神入化，仿佛笼罩着一层玫瑰色的光辉。对别人讲些什么的时候，他们喜欢夸大其词，总是把事情描述得比实际情况要更加激动人心。他们所讲的一切都是特别的。讲起自己的时候，他们也总是把自己现在的状态描述得不同寻常。他们其实是想掩饰自己正处在深层的危机之中。面对生活的平庸，他们索性闭上了眼睛，只是通过夸张地描述自己的现状来继续坚持对自己的幻想，幻想着自己多么与众不同。

八月十七日

渴望能产生积极的影响力。它让我不至于用满心期待来苛求自己的人生,用自己的愿望给别人增添负担。我能够同日常生活的本来样子言和。我可以接受别人本来的样子,对工作同事如此,对人生伴侣也是如此。渴望让我超越这个世界。我心中有着某种在世界另一边的东西,那是这个世界无法对其施加影响的东西。因此,渴望将我从被这个世界捕获的状态中解放出来。我接受这样的事实,没有人能实现我最深的渴望。以这样的态度为出发点,我能够自由地对待别人,不对别人做出过高的期待,从而将其固定在一张图中。渴望让我能够不带偏见地对人坦诚相待,让我能够享受人与人之间的相遇以及人与人之间发展出来的关系,而不是总希望得到更多。别人将我指引向神,而不必成为我的神。

八月十八日

我们不是靠尽可能地找乐子而获得生活乐趣,而是通过抑恶扬善。想要真正享受生活的人,必须也要懂得放弃,需要苦修作为进入内心自由的训练过程。感觉到人生把握在自己手中并由自己塑造的人,才会感受到其中的乐趣。如果一个人完全依赖于自己的需求,而且非得立刻满足每个需求,那他就永远不会对自己的生活感到满足。他更会有一种说不出的感觉,觉得自己不是自主地在生活,而是被外力左右着生活。

八月十九日

自由就是想干什么就干什么。谁如果这么理解自由,他就几乎总是被自己的一己私欲所困扰。真正的自由表现在,我可以抽离自己,自由地为别人付出,我可以自由地为一件事情付出,忘我地为他人服务。

八月二十日

我们常常无法找到统一我们胸中各种灵魂的道路,因为我们看不到这其中的联系。但当我们认识到,这些看上去毫无关联的方方面面其实相互间是对立的关系,我们心中便能建立某种统一。这是因为对立面总是趋向于统一。从对立所具有的张力之中,可以产生一种调和对立面的能量。若我们认识到,我们在家里活出的是自己自私的一面,因为我们在公共场合总是表现得太利他了,那么我们的任务就在于,让这两个方面彼此对话。我们不应评判这两个方面。两者我们都需要。没有自私,我们就不会完全忘我。但这两个方面不能毫无关联地并存。否则我们的生活就要变成假象的生活,它会分裂我们,总有一天会让整个人生变得不再真实可信。我不应让利己主义主导我,但应关注利己主义的合理要求。这样,利己主义才能帮助我划清界限,如果有很多人都想从我这儿得到些什么的话。利己主义还能提醒我关注自己是否会吃亏。若我承认自私有其合理性,那么我就能强有力地为他人付出,帮助他人,而不会担心会不会让自己力气耗尽。

八月二十一日

只有在神秘主义中还能接受自己的平庸与不虔诚一面的人,才能够获得融合自己各个方面的合一经验:光线与阴影、高峰与低谷、人性与非人性、善与恶、天与地、清澈与污浊、强与弱、灵性与无神。

八月二十二日

我应该敞开心扉,接受触动着我的那些语言。并不是我要对语言做些什么,而是语言要对我做些什么,并且是在我的灵魂最深处。

当心灵同语言达成一致,这便意味着我们的生活同祷告相符合。而这也只是表面上的一点。它还意味着,我们的精神同语言之间不再有距离,我们的内心同语言合一了。

八月二十三日

不能解释自己所遭遇到的事情,不能理解自己所处危机的人,就会像无头苍蝇般乱撞。然后,危机才会摧毁他至今为止所搭建的人生大厦。我们以为自己站到了人生的废墟前面。实际上,危机恰恰是与神相遇的机会,危机也可以成为新的开始。我们自身却无法认识到,危机想要告诉我们什么。我们需要外来的话语,需要一个故事来阐释我们的状态,给我们指一条继续往下走的道路,告诉我们,在一切都乱成一团的情况下,还能怎么做,我们才能找到神。

八月二十四日

沉默不仅意味着,我不说话,还意味着我放弃逃避的可能,承受住自己本来的样子。我不仅放弃了说话,还放弃了一切使自己分心的举动。沉默的时候,我强迫自己做一回真正的自己。尝试过这一点的人会发现,一开始这一点儿都不好受。脑子里充满了各种各样可能的想法与感觉、情绪与心境、惶恐与意兴阑珊。被排斥的愿望和需求得见天日,被压抑的愤怒逐渐高涨,没有把握住的机会,没有说出口或说错了的话都涌上心头。沉默最开始的片刻常向我们揭示自己内心的混乱,我们的想法和愿望的杂乱无章。要忍受这种杂乱是痛苦的。我们撞上了让自己恐惧的内心紧张感。不过,这些紧张感无法在沉默中流走。我们沉默地察觉到了自己的现状。沉默就像是对自己现状的分析,我们不再掩饰些什么,而是看见自己心里到底装着什么。

八月二十五日

安静的时候,我们内心中浮现出的一切都是有意义的。我们应该去观察,而不应去评判。我们应该同其进行交谈,这样它才会告诉我们它代表着什么。有时候,不安是一种迹象,它表示我现在正在练习的冥想方式并不适合我,它只不过是我强加给自己的。不安还透露出,我尚未到达目的地,我还须去别处寻找,直到我找到适合自己的祷告形式。或者,我心中还有许多没有完成的事情,我该先去面对这些事情。完全无足轻重却一再出现的想法，仅仅掩盖了问题真正的所在。也许表面的想法只是我对自己内心爆发的火山徒劳无功的掩饰，因为我害怕直视这座火山。

八月二十六日

观察自我已然是一种祷告了。人通过对自己的反思，让神来省察自己的思想，这便已经是在祷告了。

八月二十七日

祷告中，我们不能逃避自己。神并不像避风港般可以被人滥用。他让我们的感受和想法总是在祷告的时候不断浮现出来，向我们揭示自己内心的状态。

尼洛（Abbas Nilos）曾经这样论述祷告："你为了报复某个曾经侮辱过你的弟兄而做的一切，都会在祷告的时辰里在你心中浮现。"

还有一位教父认为，所有的祷告，如果它们不让我们面对自己和自身的现实，就毫无意义："如果一个人在祷告的时候没有记起自己的行为，那么他祷告这一举动就是空洞的。"

八月二十八日

祷告的目的是为了让人与神相遇。而为了与神相遇的是自己本来的样子,我们就不该伪装些什么,而应该先把自己真实的想法和感受摆在神的面前。只有在同神的对话中首先承认自己的本来面貌,自己的现状如何,我们才会真正地同神相遇,我们不再躲在虔诚的面具背后,神会让我们直接走近他,不带有任何虔诚的伪装。

八月二十九日

祷告能让我们更深刻地认识自我,其原因在于,祷告让我们同神的位格面对面。祷告不是独白,不是自我吹嘘,而是对话,是同不依赖于我的某一位相遇。这让我能够站在外部,更加客观更加全面地认识自己,而不是只围绕自己转,无法放开自己。只看到自己的人,对于自身本质的许多方面都是盲目的。只有在祷告中,我的着眼点离开自己,转向神,我才能从神的位置出发注视自己,在神的光照中更好地认识自己。

八月三十日

我们心中有一处沉默之地,那里是神在我们体内的居所。在那里,没有人能伤害到我们。在这个内心空间里,伤害感情的话语不会涌出来。在那里,我们完全与自己在一起,也完全与神在一起。从这里出发,我们便能宽恕别人。因为这个内心空间是不会受到伤害的。

八月三十一日

沉默并不是说要压抑情绪与敌意,而是要解除它们,给它们带来秩序。通过谈论,情绪一再被激起,而沉默则能让其平静。这个道理和葡萄酒很相似。晃动让酒变混浊,而静置之后,杂质才能沉淀,酒才能变清。

中国的《道德经》中有诗句向我们描述了能带给心灵清晰感的沉默的力量:"孰能浊以静之徐清,孰能安以动之徐生。保此道者,不欲盈。"(原文作者采用的是凯斯特纳(Erhart Kästner)的德译本——译注)

九 月

九月一日

怀着感恩之心看待自己人生的人,会接受自己身上所发生的事情。他会停止与自己作对,停止反抗自己的命运。他会意识到,每天都会有一位天使来到他身边,保护他,让其免遭不幸,给予他亲密的爱与治愈。你可以试着在未来一个月里,随感恩天使同行。你会发现自己会怎样以不同的眼光来看待一切,你的生活又会得到一种怎样的新质感。

九月二日

感恩天使赠予你新的双眼,好让你清晰地感知并以感恩的心享受这个世界的美好,原野与森林之美,山川与河谷之美，江河湖海之美。你会惊叹羚羊的优雅与小鹿的妩媚。你不再毫无知觉地穿行于这个受造的世界，你会思考，会感恩。你会意识到，充满爱的神在这个受造的世界中与你接触，并想向你展示，他是多么慷慨地为你付出。

九月三日

有些人把自己的生活安排得让他们无法坦率地面对那一位"他"交付给自己的新事物。凡事都要保持原样。这样的人常常麻木不仁。你应该坦诚地面对那一位"他"想要赠予你的新的可能性。只有你坦诚面对，不局限在旧事物上，对自己正经历的事情不再麻木不仁，新的事物才能在你心中生根发芽。这种坦率表现在，你准备好接受新的想法，学习新的行为方式，在工作、家庭和社会中不断接受新的挑战。坦率之人总是准备好在工作中学习新事物，接触新技术、新动态。坦率之人才能永葆活力与清醒。

九月四日

警醒是一种灵性力量，它给我的生活添加新的调料。警醒会让我感觉到，我是真切地活着，而不是碌碌地活着。我感受到人生是玄妙的,充满了深度、活力与喜乐。

九月五日

"警醒"一词从"注意"、"留神"、"考量"、"反思"而来。经过深思熟虑,我才会留神地、有意识地行动。我完全专注于自己所做之事,知道自己在干什么,全神贯注地投入到自己的所作所为当中。这时,身体与灵以同样的方式运作。警醒的意思是,每一刻我都十分投入。我感受着当下、时间乃至我整个生命的奥秘。

九月六日

每天起床时,我们脑海里已经存在的想法会影响我们一整天。因此,让自己习惯于以积极的想法和晨间祷告来开始新的一天,就显得尤为重要。这让我们能够立刻进入正确状态。而如果我们一起床就对又要起床这件事感到生气,或因为天气糟糕而情绪恶劣,又或者因为一想到今天要谈的事情很难谈而充满不悦,那么,我们一整天的状态都会很不佳。负面想法会夺走我们的能量,让我们戴着深色眼镜看待一整天。

九月七日

我神智清醒地活在自己的身体之中。我察觉到自己内心有哪些情感冲动,但我并不会不安地琢磨,体内这样的冲动是否预示着什么疾病。我小心地走路。我在运动,留心着每一个脚步。我感觉得到自己的身体、肌肉和皮肤。当然,我不可能每分每秒都警醒着。这会超过我的能力范围。但我可以每天都有意识地去度过一段警醒的时间,这无疑是一项很好的训练。我甚至还可以将警醒作为一个小型的仪式。我留心地离开自己的家,有意识地走在街道上,神智清醒,感受着寒冷的空气,拂面的风,或是洒在身上的阳光。我享受着每一步。我感受到:我正在行走,完完全全投入到行走中去。我整个人都存在着。

九月八日

每个人心中都有许多彼此之间时常毫无关联的愿望与感想。我们无法将其融合起来,觉得自己十分矛盾,内心遭受分裂。要走出内心矛盾,我们须走警醒之路,意思就是我们要完全活在这一刻,完完全全存在于这种姿态之中,存在于呼吸和感官之中。如果我完全存在于自己的身体和感官之中,如此走入自然,那么我会觉得自己同一切都合一,既同被造的世界,同神,也同所有的人——这个既精彩又充满奥妙的世界的组成部分——合一。

九月九日

表示警醒的另一个词语是"聚精会神"(Sammlung)。聚精会神的人能把内心中各种各样分散的事情归总到一起,他同自己和谐统一。他同自己和自己所做的事情合一。他不被各种不同的事情分心,而是把一切都统一起来。德语中,所有带"sam"后缀的词都包含着聚精会神(Sammlung)的意思。留神的人(achtsam)会在做事情的时候多加注意,多加思考,会留心他所触碰的物品,注意每一个时刻。谨慎的人(behutsam)会守护他所做的事情。对自己做的所有事情,他都会关心、监督并加以守卫。他处事十分清醒。另外,"全神贯注"还融入"温柔"(sanft)一词之中。

温柔的人是同他周围的人与事物都和平共处的人。聚精会神能让人从纷繁芜杂的线索中理清头绪,走出分心与不安,做到凝神、警醒与温柔地处理事情。能与自己所接触到的事物同在的人,也是能温柔对待这些事物的人。能与自己、自己的各种需求与愿望、热情与感触同在的人,也能温柔地对待自己,能与自己内在的各种矛盾和平共处。而能够同自己所遇见的人同在的人,绝不会粗鲁、铁石心肠。能同他人和平共处的人,也能温柔地对待他人。

九月十日

若我感知并接受了自己,连同自己的全部热情,我便不会再将那些受到压抑的需求投射到别人身上,或者将我对自己的担心和惶恐转嫁到别人身上。若我同自己的热情和好,那么别人也就无法将我从内在和平中引诱出去。我自在无比。我同自己以及自己的热情和谐统一。人性对我而言并不陌生。当别人带给我攻击性的感觉或敌意时,我不会轻易出离愤怒。我信任那些即便与我为恶的人,并相信,这样的人也有一颗良善的心。

九月十一日

我希望能够自己决定该如何生活或做些什么。决定的意思是用声音来命名、确定、整理、命令。我整理自己的生活。我发出声音,为的是不被他人的声音所淹没。我有权过自己的生活，不过受外界影响的生活。我可以自己塑造和培养神赐予我的生活。不过，声音中总还是包含着倾听。耶稣治愈了聋哑人，不但让其能发出声音，还让其能够正确地听见。不会倾听的人，也无法形成自己的声音，无法"响亮地"发出声音。我不可随意决定事情，我的决定应同现实相符合。只有倾听神的声音，并与神为我塑造的独一无二的肖像相符合，我才能对自己做出正确的决定。

九月十二日

一切的伟大都需要宁静，好让伟大降生于人。"静默之时现真知，"瓜尔蒂尼（Romano Guardini）如是说。早期教会的一位修道士克利马库斯（Johannes Climacus）也说过："静默是智慧的果实，其中包含着对万物的认识。"静默让我们能够正确倾听，听出一个人对我们说话时的弦外之音。静默是让我们能够听到心中神的声音的前提。如今许多人抱怨说，他们感受不到神，神变得陌生了。但实际上，他们整日被噪音所包围，听不到神在他们内心中呢喃的轻微脉搏了。

九月十三日

德语中"认识"(erkennen)一词的原意是"察觉、从灵的层面把握、回忆"。在察觉自己,走入自己内心,发现自己核心的过程中,我认识了我自己。认识与我接触到自己的内在有关,我不仅对自己的外在形态有认识,还感知到代表自己真实本质的内在自我。这种察觉与灵有关。我无法用双手触碰到自己的内核,我需要能察觉到本来的自我,需要沉入自我以把握并了解自我的灵。认识自己的意思是,一再"回忆起"自己,走到内心深处,同自我以及神为我塑造的原初形象接触。自我并不是通过我的人生经历而产生的什么东西,而是原本就有的,是神为我塑造的纯粹的肖像。

九月十四日

认识自我不仅在于拥有许多有关自己的知识,而在于同自己和谐统一,同自己的真实自我融合,就像男人和女人在性行为中融合在一起,并从中认识到最深刻的自我那样。我只有在准备好接受本原的自己的时候,才能真正认识自己。仅从外部我无法观察到自己,必须进入自己的核心,居住其中,与其亲密接触。

九月十五日

灵修的道路上,我们首先必须注意以下三个领域,因为神就在这里与我们相会并同我们说话:我们的思想情感,我们的身体以及我们的梦境。神对我们说的是《圣经》上流传下来的他的话语。但首先,他也通过我们自己对我们说话,而如果想要听到神对我们的个别言说,就需要注意上述三个领域。彭迪谷(Evagrius Ponticus)认为,不诚恳地同自己相遇,就无法真正同神相遇。如果我们排斥与自己相遇,那么灵性很容易就变成了虔诚的自我逃避。在我们同自己相遇的过程中,我们便也遇见了神。反之亦然,一旦我们接近神,我们便也更加靠近自己。

九月十六日

对我们所经历的一切,我们都会加以评论,评论的内容便是我们对自身经历的回应。但同时,我们的无意识也做出了回应。无意识的感知方式不同于理智,它通常通过梦境来向我们展示它的视域。而且同时,我们的身体也会做出反应。我们知道,身体对危险会如何反应,对计划美餐一顿等等又会如何反应。而我们身体的许多无意识反应则复杂得多。无意识反应首先存在于我们不太有意识地对经历做出反应的时候。例如,我不愿意识到工作场所的状况已经忍无可忍,某个同事一再伤害我,或者当我的反应不是有意识地反抗与划清界限的时候,身体会代为做出反应。当我们没有其他办法来反抗强势者,我们便会胃痛。别人给我们带来的持续压力,如果不对其进行抵抗,它们会直接影响到肝脏,让我们又困又乏。这时,困倦便是我们对此的抵御。察觉到生病的预兆应使我们更有意识地采取防御措施,从而不致真正生病。我们只需要询问自己的症状,它们便会向我们展示我们真实的情况。

九月十七日

我应在自己身体的声音之中认识神,是他让我注意到自己的真实情况,并希望指引我走上灵修的道路。如果我的身体是神之音的共鸣板,那么我应该感恩,它阻止我走上歧途。在自己身体内听不到神声音的人,便会有与自己的现实擦肩而过的危险,并且无可救药地固执己见。

九月十八日

在嗜好的种种极端形式中,我们立刻能发现,吃和喝同样能让身体和灵魂土崩瓦解。如今,许多人都受到自己与饮食的关系的困扰。越来越多的人要么吃东西上瘾,要么厌食上瘾。上瘾不但事关身体,还伤害灵魂。吃东西上瘾的人试图通过吃东西来克服困难。他们往自己的身体里填塞食物,为了让自己不必再感觉到愤怒、失望与孤独。但这样填塞食物只能导致永远逃避问题,并对自己持续失望。上瘾的人必须要面对人生的真相与自己的需求。他应容许那些被自己压抑的渴望。

而因为上瘾也是一种逃避让我看清现实的神的行为,所以,要与其抗争首先必须要有一种信仰上的重新定位。我必须同神和好,他让我面对这样一个无法实现我所有愿望的世界。因为上瘾往往也是母性的替代品,因而它迫使我在神以及自己之内寻找安全感,在自己身上找到家的感觉,因为神的奥秘本身就居住在我的体内。

九月十九日

缺乏形态会导致生病。生活缺乏外在秩序的人,内心也会陷入无序状态。不知道宗教礼仪,只凭兴趣和心情行动的人,内心也会消解。一切都会土崩瓦解,不再有将背道而驰的东西囊括起来的括号,不再有让事物成长的形式。

不坚定时常会表现在人的身体上,依赖别人,放纵自己。没缺乏形态时常也伴随着剥离传统。人们仿佛无根一般地生活。没有什么能够成长壮大。置身于健康的传统之中对于找到一种健康的自我身份认同来说,具有决定性的意义。没有根,树会干枯;没有根,人也会凋零。

九月二十日

在什么样的环境中生活,并不是一件无所谓的事情。老一代的人在找地方建造房子的时候会有一种健康的直觉,知道在哪里会让人过得好。不仅我们的身体健康,连我们的精神健康,都同气候、风景、住房条件有关。我们应该关注神的创世秩序,并让自己的生活有利于身心健康。

九月二十一日

为什么我有这么多工作,为什么我疲于奔命,不给自己留一点时间? 这是为何、怎么回事、出于什么目的、为了什么人、为了什么事？人到中年,这些问题就越来越经常出现,给我们至今为止的人生构想带来了不确定因素。对意义的追问已经是宗教问题了。中年从本质上说是意义危机,同时也是宗教危机。不过同时,这危机之中也蕴含着找到人生新意义的机遇。

九月二十二日

我觉得,和煦的秋日阳光一直都代表着以温和的目光看待自己,看待自己的缺点和错误,看待人与人性的人。他以温和的目光,将自身现实和自己周围的人的现实都置入一缕和煦的光线之中。秋日和暖的阳光下,一切都变得美丽。树上的秋叶五彩缤纷,甚是好看。连瘦小的树也有一种别样的美。一切都放射出自己的光辉。我认识一些老人,他们从内在散发出温和。我喜欢在他们身边,同他们说话。跟他们在一起可以让我做本来的自己,这也是一种赞同:"都挺好的。"这些老人被人生推往这儿,又推向那儿,他们经历过人生的高潮与低谷。而现在,在生命的秋天,他们用温和的目光看待着一切。在他们眼中,人性中没有什么是陌生的。而他们不予评判,只是让眼前的一切都沐浴在和煦的秋日阳光中。

九月二十三日

我们这个时代的一个危机因素是噪音,以及听觉和视觉受到的刺激过度。听觉环境污染让我们无法进入有益的静谧,它随处侵袭着我们。图像也在随处侵袭着我们。圣本笃(Benedikt)引入静默,作为对抗这股语言和图像洪流的良药。静谧之中,人才能找到自己,把自己从思想的噪音中解脱出来,进入自己内心中神的居所,那是日常的问题和担忧无法进入的地方。从这个纯粹静默的地方出发,人才能幸福安康。在这里,他才接触到自己真实的核心。

九月二十四日

彭迪谷认为,心无杂念的祷告才是我们的人生目标。这样的祷告带我们进入深层的智慧与爱之中,"登上现实的高处"。而如果我们只是观察并对抗自己精神不集中这件事情,我们仍然无法达到目标。我们心中的画面必须转变,而这需要我们诚实地对待自己的梦境。我们既要观察自己的思想,又要注意自己的梦境。只有这样,我们才能达到那种无欲心境(Apatheia)。彭迪谷认为,到那时,我们就只完全地面对神,被神的爱与和平所充溢。在神之中,我们只会安静下来,因为他已经洁净并治愈了我们的意识和下意识。留意梦境因此是灵修之路上重要的一环,沿着这条路,我们会越来越接近神,最终进入神之中。

九月二十五日

我们不仅生活在没有神的现实之中,而且还生活在没有"我",没有"自我"的现实之中。梦境中,灵的现实得以进入我们的生活。一开始,并没有谁规定过梦境就一定比我们在意识中所感知到的更加不真实。神会在梦境中降临,会对我们说话。梦境中会出现一些看上去同我们意识到的现实并无联系的画面,但正是这些画面揭示了现实的本质。它们从完全不同的另一个侧面向我们展示了世界和我们的生活。老一辈人说,神在梦中对我们说话。这么说不无道理。因为在梦中,我们不会将神的话语错当成我们自己的话语,不会给神分配一个什么角色,正相反,他是行为者,而我们是观众。

九月二十六日

《圣经》当中的梦境有双重含义。一方面,梦境向我揭示我自己和他人的真相,揭示我自己的状态以及我人生的奥秘,揭示一个民族或个人的政治与宗教状况。梦境修正并补充着我有意识的视线,并为我打开全新的视野。它让现实在真实之光中显现。接着,神在梦中指给我真理,他揭开现实的面纱。梦境还是直接与神相会的地点。神不仅提供有关现实的消息,还与我们相遇,他同我们搏斗,就像在夜里同雅各伯搏斗那样(创32:23—33),他让人认出自己,他在神视中显现,并让人在梦的画面中看见他。

九月二十七日

梦从不确定什么。梦向我们展示我们身处的现状和必须注意到的潜在危险。我们应提醒自己,避免危险。梦见危险的梦境十分有益。它们不愿让我们身陷恐慌,而是迅速划桨,避免我们驶入深渊。我们需要做的,只是在生活中实践梦境。

九月二十八日

问题是,我如何才能到达那个我真的可以说"这才是我"的点。其中道路之一便是一再询问:我是谁? 然后,答案和画面会自动出现。对每一个答案，我都要说：不对，这不是我，这只是我的一部分。我不是朋友们所认为的那样，我也不是自己所认为的那样。我和自己在熟人面前扮演的角色不完全一致，我和自己在生人面前伪装的面具也不完全一致。我注意到自己在教会中与在工作上的表现不一样，在家里和在公共场合的表现也不一样。我究竟是谁？我同自己的感觉和想法也不完全一致。想法和感觉在我心中，但自我并不消解于其中。要找到自我，必须超越所有思想和感觉。我们无法定义或确定这个自我。但当我们越来越深入地叩问自己，便会对自身奥秘有所预感。

九月二十九日

自我不仅意味着将自己同他人加以区分，也不仅意味着一个人有意识的人格核心，意味着我人生经历的总和。自我的意思是，神召唤了我独一无二的名。我是神只在我之中所说的那个词。我的本质不在于我成就多高，知识多渊博，也不在于我的感受，而在于神只在我之中所说的那个词，它只在我之中，并且只有通过我才能被这个世界所听见。于是，与自己相遇便意味着，对神在我之中所说的这个独一无二的词有所了解。神已经通过我的存在说话，他也在我之中说话。祷告是与自己的相遇,它意味着,在自己最深的奥秘中与神相遇,他在我之中同我说话,并在我之中表达自己。

九月三十日

我们心中有一个领域,在那里,我们纯净真挚。在那里,我们同自己真实的存在相和谐,同神合一。在那里,我们的言谈和行为都没有什么私下的意图。但愿纯真天使护佑你,让你不至于变恶。你最内在的核心是良善的,它真挚、纯净。相信你的纯真吧!当你感觉到你的有些话真的是出自纯粹的善意,你的有些意图真的很纯良,你做有些事情并不计较后果,你该感到欣慰才是。

十 月

十月一日

共同生活的前提是保持亲近与距离、独处与群体、爱意与攻击、争吵与和好、冲突与忍耐、交谈与沉默、分离与合一之间适当的尺度。我常常体会到,如今人们无法保持这两个极端之间的平衡。他们宁愿一直都亲密、关爱,一直都在一起。但这样一来,他们就无法体会到持久的和谐。想要一直保持一致的人,永远也无法和睦。而只有接受合一与分离之间张力的人,才能时常体会到和睦的瞬间。想要同伴侣不间断地保持一致的人,他与伴侣之间的和谐只会越来越少。

十月二日

我们的自由总是有限度的。我们不像神那样,可以自由地创造。我们无法自如地将自己的注意力倾注到每个人身上,不然我们会苛求自己,总有一天我们会把自己弄得精疲力竭。我们必须谦卑地认识到自己的局限所在,在此限度之内我们可以毫无保留地关注他人。可现如今,有相当多的人完全是胆怯地活在在自我局限的桎梏下。如果有人需要他们,他们可能会很快就答应别人的请求,可能会对自己提出过分的要求,还可能会被人利用,耗尽自己的心力。真正自由的人,能在完全自由的情况下接纳他人,而不用一直担心自己是否吃了亏,担心自己是否有足够的能力帮助他人。真正的内心自由让我们也能自由地为他人付出。

十月三日

如今,许多人都害怕独处。独处的时候,他们会感受不到自己。他们需要不断有人环绕在自己的身边,这样他们才会感觉自己还活着。然而,独处也可能是一种祝福。

孤独之中,我会感受到究竟是什么让我成为人,我参与了创造的一切,而说到底,我参与了所有这一切。独处天使若将你带入作为人的这种最基本的体验,那么,你对孤独感与被遗弃感的恐惧便会烟消云散。因为你会感觉到,在独处的地方,你与万物合一。你会觉得独处并非孤单,而是故乡,是一种回家的感觉。只有在有秘密的地方,你才会有回家的感觉。

十月四日

纳尔齐斯式的自恋总有一天会变得索然无味。你会时常体会到,与他人共度时光,时间才会过得充实。有时你会想,我还有很多事情要做。你还需要很多时间。自然,你需要足够的时间来做自己的事情。可你仍然需要与他人共度的时光。尽管你其实没有时间,可如果你同自己的兄弟或姐妹分享自己的时光,你有时会觉得是自己享受了馈赠。你将体会到,与人共度的时光让你满脑子都是新奇点子,充满新活力。

十月五日

基督宗教一直都在宣扬爱邻人。在我看来,这一点被宣扬地太久了,让人们忘记了还有耶稣,我们应当像爱自己一般地爱他。只有首先善待自己,我们才能爱邻人。有些人爱邻人,只是为了平息自己不安的良心。还有些人对自己很苛刻,他们害怕承认自己的需求,害怕生活。对于这些人来说,邻人之爱成了他们的一种意识形态化的自我攻击,他们觉得自己不该享受生活。以这样的方式爱邻人,并不能让邻人得到真正的帮助。谁如果成为这种邻人之爱的牺牲品,谁就会觉得自己被别人占据了,自己像物品那样被人对待。他会觉得自己一生都需要感恩,依赖那个曾帮助过自己的人。

十月六日

只有倾听并关注自己的需求,在义务与愿望之间找到一条平衡的道路,你才能公正地对待自己和自己的需求。公正也意味着平衡,意味着我必须在内心中各种互相矛盾的兴趣当中寻找一种公正的平衡。进而言之,在某个团体或整个世界当中,我都必须在人们相互对立的利益之争的同时伸张正义。正义是对大家都有利的解决方案,有了正义,大家才都能好好生活。

十月七日

　　服从来源于谛听、倾听、聆听。服从要求我倾听自己心中神的声音。神通过我的感受与情感,通过我面临的冲突与问题,在我的梦、身体以及与别人的关系中同我说话。我必须依靠服从天使的帮助才能听见梦境中神的声音。但光靠倾听梦境是不够的。我还需要回答神的话语,服从其话语,依照他的话语行事。在我生病、背疼、胃溃疡、头痛的时候,神想对我说些什么?服从意味着,我不仅倾听,而且还承担后果。生病的时候,神其实是在要求我改变生活方式,更好地倾听自己的身体与感受,在与内心声音和谐的基础上生活。

　　服从与遵守诫命并无关联。我所服从的不是某条诫命,而是某个位格。而我本应服从的那个位格,是神。服从神之后,我还应服从我自己。我必须倾听自己,倾听自己的人生经历、自己的优点与缺点,这样,我才能活出神为我描绘的肖像。服从意味着以同自己的现实相一致的方式生活,不要总是同自己的现实对着干,而要同现在的自己和好。因此,服从意味着肯定、接受自己,也接受自己人生的现实。

十月八日

可靠不等于害怕在工作中不小心犯错。可靠同自由、信任有关。我自由地做着我手头上的工作,让自己投入进去,全心全意地工作着。工作给我带来乐趣。工作完成了,我自己感到称心,交给我工作任务的人也会对我产生信任感。他也感到自由。他不必反复考虑是否已经向我详细地解释了一切,是否已经让我注意到了所有问题。他知道,我是可靠的。

十月九日

我们总是忙于拿自己同别人作比较。为了让自己在比较中胜出,我们贬低别人,在别人的行为中发掘错误的动机、自私的意图。在我们不自知的情况下,我们总是在评判我们遇见的人。评判的理智在我们心里不断说话。如果我们能不再先入为主地将别人归类,评断甚至批判他人,我们或许才能得到内心的安宁。

每当古希腊悲剧诗人阿伽通(Agathon)看到什么,并想对其进行评判,他总会对自己说:"阿伽通,不要这样!"他的思想于是平静下来。

十月十日

必须承认，我们心中不仅有爱，还有恨。尽管我们有宗教与道德上的追求，可我们仍有谋杀的倾向、施虐与受虐的特征、攻击性、愤怒、嫉妒、抑郁的心情、恐惧与胆怯。我们心中不仅有属灵的追求，也有根本就不愿虔诚的无神领域。谁如果不面对自己的阴暗面，谁就会下意识地将其投射到其他人身上。我们不愿承认我们不严格要求自己，而只看到别人不守纪律。于是，我们开始骂自己的婚姻伴侣，骂朋友，骂同事，骂他们的生活前后不一致，自由散漫。接受自己的阴暗面不是说要尽情享受阴暗面，而是首先要承认自己的阴暗面。要做到这一点，我们需要谦卑和勇气，从高得不切实际的理想中走出来，进入自己肮脏的现实之中。谦卑的拉丁文单词"humilitas"的意思是说我们要接受自己的粗俗，也就是接受我们的"humus"。

十月十一日

如果我们以怨报怨，就会产生冤冤相报何时了的连锁反应。每个伤害他人的举动都会得到新的伤害作为回应。这样,人类社会就会变得越来越伤痕累累,越来越病态,越来越矛盾。耶稣号召我们尝试用另外的、更有益于我们在这世界上共处的方式来对待伤害。他所提出的并不是法律,他只不过描述了我们可以用另外的方式来对待的情境。他号召我们发挥想象力,挣脱冤冤相报的轮回。

十月十二日

我们必须首先同自己灵魂当中一切敌意、心中攻击与谋杀的倾向、妒忌与争风吃醋、恐惧与悲伤、欲望与贪婪言归于好。爱内在的敌人往往比爱外在的敌人更加困难。

十月十三日

如果我对别人恶语相向,并投以仇视的目光,我会唤起对方心中的恶。他同样也会对我充满敌意。而如果我和颜悦色,友善地对他说话,那么对方也会被他自己灵魂深处常常被伤害掩埋的善所触动。某种程度上说,我们也需要对别人的行为负责。是我们唤起了对方心中的善或恶,生命或者死亡。

十月十四日

虽然我们没怎么谈及宽恕,可在那些安静的片刻,我们心中仍会浮现出一系列还没被自己宽恕的人。我们就好像背负着沉重的负担前进一般。如果我们不在宽恕中摆脱这些负担,就会被它们压迫,变得抑郁,或者用自己无法解释的病态来回应这些负担。出于对我们自己和我们的健康状态的考虑,我们也应该时不时拿出些时间,问问自己还有没有哪些人是我们尚未宽恕或者还无法宽恕的。

十月十五日

对别人的评判不仅让我们自己不安,还让我们对自己的错误视而不见。我们如果能在看待别人的时候保持沉默,也就能看穿我们是怎么将自己的错误投射到别人身上,而又无法在自己身上发现这些错误的。一则教父箴言讲述了这样一个故事:从前,在埃及泡碱谷的苦修地(Sketis)中,苦修士们召开了一次会议,商讨一位犯了错的弟兄的事。苦修士们纷纷发表自己的见解,只有修士长(Abbas Prior)保持缄默。之后,他站起身,拿出一只布袋,往里面装满了沙,把沙袋扛在肩上。之后,他还拎起一只装了少许沙粒的小篮子。苦修士们于是问他道,你这么做是什么意思呀?他回答说:"装满沙的袋子代表我自己犯下的罪孽。我把它扛起来,放到身后,这样,它就无法再在我面前左右我,让我哭泣了。你们看,这位弟兄犯下的些许过错摆在我的面前,我滔滔不绝地发表意见来批判他。这么做是不对的。我应该把自己的罪孽放到面前,反思过错,并祈求上主宽宥我。"

十月十六日

对僧侣而言,缄默意味着放弃去评判他人。它不仅指放弃外在言语上的评判,还指放弃内心中对他人的审判。

波依门曾说过:"有个人,他虽然看上去沉默不语,可他的内心却在审判他人。这样的人其实一刻不停地在说话。而另一个人,他虽然从早到晚都在说话,可他实际上保持了沉默,因为他不说毫无意义的话。"

十月十七日

说话应当是我们对别人表达爱与善意的方式。而只有当我们在同别人说话时不把自己置于谈话的中心,不自私自利,而是顾及到谈话对象,并对谈话对象及其需要坦诚相待,我们才能做到这些。只有这样,言语才能成为我们对他人爱的表达,特别是当那个人期待听到让他振作与快乐的话时。

十月十八日

沉默时,我们观察的不是别人,而是我们自己,沉默让我们面对我们在自己身上所发现的东西。因为我们不知道别人如此行为的前提是什么,所以我们不如放弃评断别人,看看别人的行为是如何解释我们自身行为的。别人犯过的错误就像一面镜子,我们能从中更清晰地认识到自己的错误。

十月十九日

一个人是否能保持沉默,不在乎他话多还是话少,而在于他是否能够放得下。有时候,甚至一个沉默不语的人也会拒绝沉默的真正含义——放手。他缩进沉默之中,为了让别人无法攻击自己,或者为了逃避生活的残酷,为了能抓住理想中的自己不放。对某些人而言,沉默是一种退化,是退回到母亲怀里不必负责任的行为。过早将沉默视为唯一解决方式的年轻人最容易面对这样的危险。他们希望在沉默中得到安全感,他们拒绝让残酷生活摧毁他们的梦想。于是,沉默成了顽固地抓住自己不放。说话的人会把自己暴露在他人面前,会给他人攻击自己的机会;说出来的言语会受人批评,遭人笑话,会让自己出丑。有些人沉默则是出于内心的傲慢,不想让别人在言语上抓住自己的弱点。他放不下自己以及自己对完美的设想。其实他最好冒个险,在言谈中出出丑。

十月二十日

今天,我们非常能够理解自我表达所带来的治愈的力量。正是因为如今有很多人无法与人进行真正的交流,所以他们应该再好好学学,到底该怎么表达自己,与此同时,消除自己心中的紧张感。许多人都无法将内心深处伤害自己的东西表达出来。他们把一切统统咽下,嚼碎自己的愤怒、痛苦和失望,于是,他们变得愤世嫉俗,还为此得了胃溃疡。他们该学会表达自己还有自己受到的伤害。

十月二十一日

如果我逃避所有的问题,那我就永远无法找到解决问题之道。如果我屈服于自己内心的矛盾，一会儿到这里求助，一会儿又到那里求助，那我会变得更加矛盾。我必须能够经受住这样的矛盾，尽管这很费力。我得去探寻让自己不安的根源。然后，我会撞见自己对生活所抱有的幻想、过高的要求、幼稚的自我膨胀。如果我承认它们，并摘下它们的面具，看清楚它们的本质其实是自己尚停留在幼稚之中，我才能慢慢地同自己以及自己的现状言归于好。如果我能耐心地对待自己，承受住内心的矛盾，我心中那些分散的力量最终会聚合到一起，到那时，我的内心会重新得到统一，我又会找回自己的中心。

十月二十二日

交谈使伴侣之间更加亲密。他们会停止争吵，归于和平。最亲近的距离是吻，它为伴侣间的互相一致打上封印。不仅人与人之间能够互相和解，神与人之间也能言归于好。人还能同自己言归于好，亲吻自己。表示和好的拉丁文单词"reconciliare"的意思是：重修，重新合一，使团聚成为可能。它指的首先是人与人、人与神之间重新缔结的共同体。没有宽恕就没有和解。宽恕的终极目标就是和好之后重新在一起。

十月二十三日

我们不应将目光局限于自己脑中的想法,而应睁开眼睛看看那些为我们指引道路,有时却阻止我们前进的天使。夫妻不和或家长同子女有矛盾的时候,这些天使会出现,下属不按我们的指示做事的时候,他们也会出现。与其以暴力相对抗,不如仔细聆听,听听看是否前方有位天使拦住了我们,提醒我们不要做错误的决定,警告我们不要因为路陡就走得太快。

十月二十四日

如果正确地聆听,那么你不会只听到挑衅的话语,你还会听到话中透露出的另外一些声调,听到对关心的渴望与呼喊。这样,你便会做出不同的反应。如果你一下子就将批评的话语往自己身上联想,想要辩驳或为自己辩护,那么,你就已经输了。你没有正确地聆听。你没有考虑周到。你不是在运用自己的理智,而只是动用了自己的情感。这样,别人就会决定你。保持理智意味着,将你看到的东西看真切了。你也许能在快乐的外表背后看到深深的悲伤。或者你看到对方在微笑,尽管他正在讲述自己受到的伤害与失望。你所看到的东西让你能够做出适当的反应。

考虑周全也意味着,倾听内心的直觉。你在同人谈话,可你觉得不舒服。你遇到了恭维你的人,可你有种不好的感觉。他向你建议一桩听上去十分理智的生意。可你心里总觉得有些什么不太对劲。相信内心的直觉吧。不要给自己压力,觉得非要向对方讲道理不可。你完全不必解释,也完全不必为自己做任何辩护,相信内心的直觉。

十月二十五日

现如今,有些人有种嗜好,就是把人们想象中的伟人拖入浑水。弱者无法接受人性伟大真的存在这件事。于是,他们要把人性的弱点都刺探出来,好证明根本没有人性的伟大,好为自己的平庸辩护。然而,伟大与敬畏有关。敬畏之中,我赞扬崇高者,为之喜悦。而在为之喜悦的过程中,我自己也分享到被钦佩者的那种崇高。我们不应仅敬畏崇高者,还应对小人物,对手无寸铁者,对伤者抱持一片敬畏之心。因为,敬畏之心知道,神性的尊严有时恰恰会在被折磨者的脸上闪现光芒。利用别人的不设防,其实是没有羞耻,是在侮辱人。敬畏之心则能升华人,它给人以空间,让人能够在其中自由地发现自己的尊严，并让自己振作。

十月二十六日

罗马占领军有权要求犹太人行军一里地，帮罗马军队指路或者背负辎重。犹太人不得不屈服于罗马军队的这一要求。可他们恨得牙痒痒。犹太人帮罗马人扛箱子的时候，心中萌发出恨。这样下去，敌意只能越来越深。耶稣却说，我们不光要走一里地，我们还应该走两里地。我们应该在同行的路上争取罗马人。我们应该主动给予帮助，并同罗马人交谈。这样，两里地后，我们便能像朋友一般地互道分别。我们应该用爱来战胜恨，用善来战胜恶。只有这样，人类共同体的裂缝才能愈合。只有以这样惊人的方式来行事，超越成败胜负、各执一词、争执不下的层面，在完全不同的层面上对待旁人，人类彼此之间的矛盾才能得到治愈。

十月二十七日

如果我们发现别人身上有一种对良善的渴望，我们自己心中也会油然升起一种积极的感觉。爱意味着我们能够认真对待对方对于善的渴望，能够越来越多地唤起对方心中的善,能够帮助对方,让他心中的善日益胜过恶与阴暗、病态甚至灾难性的一面,直到他整个人变得良善。爱意味着让别人变善,让别人成为更好的人。

十月二十八日

感谢他人并非仅仅能够帮助我们自己学会去爱他人,对旁人而言,这也是一种祝福。经验显示,当我们开始感谢别人,难以相处甚至对我们有敌意的人都会发生可喜的改变。面对别人的敌意、嘲讽与攻击,如果我们自己也变得咄咄逼人,那么事情只会越来越糟。人与人之间的关系会变得无可补救,希望渺茫。互相嘲讽的结果只会是谁占了上风,谁是胜者。感谢的时候,我们放弃了成败胜负,放弃了冤冤相报何时了的恶性循环。

在感谢中接受别人,我会使对方也终于能够接受自己。常常只是因为对方无法接受自己,把他自己的错误与缺点投射到我的身上,并想在我身上克服它们,才会对我冷嘲热讽,充满敌意。敌意往往是在将自己的阴暗面投射到别人身上的时候才产生的。感谢让对方得以收回这样的投射。只有他觉得自己被人接受,才会接受自己的阴暗面,不需要再在我身上与其抗争。这个道理也适用于我自己。只有当我们爱自己内在的敌人，我们才会去爱外在的敌人。

十月二十九日

感谢的时候，我试着接受神给予我的一切。当我为生活中或好或坏的经历感谢神的时候，我便接受了自己的过去。只有我接受了的东西，我才能真正认识它。只有我接受自己，把自己当成神所喜悦的，我才能认识自己，才能了解神为我所做的计划，才能看清我心中将要成为现实的图像。同样的道理也适用于许多其他的事情。我只有放弃依靠自己寻根究底找到意义的做法，只有感激神带给我的一切，才能发现真正的意义。感谢的时候，我放弃了靠自己去寻求解决方案的尝试，相信神对我保有一片好意。这种信任让我获得真知，这并非通过自己的力量或是理智得到的真知，而是通过恩慈得到的。不幸发生时去感谢我几乎毁坏了的东西，或是感谢一位让我头疼的人，这听上去或许荒谬。但只要我开始感谢神，我会发现自己在哪些地方违忤了神，在哪些地方想用自己的想法来强迫神。感谢的时候，我会放开那些自己所描绘的神的形象，将自己交托给真正的主，他会向我揭示我的真相，即便那时常是令人痛苦的真相。

十月三十日

祝福别人意味着称赞他，对他说善意的话语，祝他拥有从神而来的良善。因为我对着他良善的一面说话，他也会触碰到自己本来就有的良善的一面。可祝福并不仅仅是指说别人的好话，还是指要友善地对别人说话，说善意的、让其振作的话。对犹太人而言，祝福意味着丰足的生命。得到神祝福的人拥有他所需要的一切。当我祝福某个人，我会祝他一切平安，愿神赐予他丰盈的生命，愿他也能成为给别人祝福的源泉。我们祝福别人的时候，祝福便从我们心中溢出，流向我们的周围。我们会以不同的方式与他人相遇，还会以不同的方式看待他人。祝福的同时，我们传递着自己从神那里得赠的祝福。有谁说了我们一句好话，我们便得到了祝福。

十月三十一日

有耐心的意思并不是无视一切可以被改变或必须被改变的东西。但我们也只能对自己有耐心，或者对某种不可再改变、因而更需要我们泰然自若去面对的情况有耐心。耐心并不意味着总是迁就冲突的另一方，或者做一些愚蠢的妥协。耐心当中还蕴藏着一种带来改变与转化的力量。不过，时间也在耐心中占据着重要的一席之地。我们给自己，也给他人等待事情发生变化的时间。

但愿耐心天使能教给你如何等待。今天，等待已经不再是一件不言而喻的事情了。我们总是急于找到解决方案。可就算等待鲜花盛开，往往也需要很长一段时间。我们对自己的成长就更加需要耐心了。我们既不能马上改变别人，也无法马上改变自己。变化的发生总是很缓慢，有时甚至让我们无法察觉。

十 一 月

十一月一日

人的一生可以同太阳的运行做一番比较。早晨,太阳升起,照亮整个世界。正午,太阳达到最高点。随即,光芒开始减退,太阳渐渐落下。下午与上午一般重要,只不过这时太阳的运行所遵循的乃是完全不同的法则。

十一月二日

旧的不去,新的不来。死亡也同出生有关联。只有旧的死亡,新的方可出生。只有母亲愿意生,孩子方可降生。孩子只有准备好放得下童年时期,才能成熟,只有放得下青少年时期,才能长大成人。我们一生都面临挑战,是否能够放得下业已达成之事,放得下财产、健康,放得下我们所扮演的角色,还放得下安危。我们必须放得下自己的力量。父母必须放得下他们的子女。人生只有在拿得起放得下的辩证当中才能得到发展。我们要能接受既成的事实,也要能接受我们自己、自己的过去和性格。我们要能放得下自己已经接受的。说到底,我们要放得下自己。这才是最艰巨的任务。因为我们最放不下的,往往就是我们自己。

十一月三日

倘若我们设想自己明天就会死去,那么我们会极有意识、极其深刻地再度体验今天。我们会好好品味每一刻,会毫无保留地面对与别人的每一次相遇,会留意自己说的一字一句,会权衡我们到底想说些什么。我们都知道,人终有一死。但我们宁愿不要去想这件事。我们的生活并不由死亡所决定。而圣本笃灵修生活的一项重要训练,便是每日思考死亡。圣本笃推荐此项灵修训练,并非是想让人整日耷拉着脸到处跑,而是想让人尽情品味人生,"对人生饶有兴致",正如他在序言中所写。念我们终有一死,便是意味着,过人的生活,以符合我们人性存在的方式警惕而清醒地生活,反复咀嚼人生的真谛,即我存在,我呼吸,我感受,我生活,我在这世上独一无二,这世上存在着只有我才能表达的神的某一个方面。思虑死亡恰恰是为了生命。我们探究着生命的奥妙。生命意味着什么?存在又意味着什么?生命给人以什么样的感触?生命的滋味如何?只存在一次,传达只有我才能传达的讯息,这意味着什么?世界等待着我,我说出只保留给我的话语,这又意味着什么?

十一月四日

有许多人无法好好地生活,因为他们总想着自己在童年时代所受到的伤害。他们还在指责自己的父母,少年时代将他们束缚得太紧,他们的许多需求都没有得到满足。为了能在此时此地活得明明白白,我必须告别自己在童年时期受到的伤害,此时此地,我对自己的人生负责。不管我的童年是如何度过的,我仍然能在现在的基础之上继续发展。谁都不只拥有好的或坏的经历。哪怕曾受到伤害,我们也仍然从父母那里得到了健康的根子。可要意识到这一点,我们必须有意离开父母的荫庇。

十一月五日

一位熟人在他的办公室门上挂了这样的字牌:要么改变它,要么就爱它(Change it or love it)。这个二选一的抉择,其实就是选择改变事情本身或者为其赋予新的解释(爱,改变看法)。这个二选一的抉择对我而言的意味更胜于下面这句话:改变不了的事情,我就必须接受。这句话听起来太消极了。因为我无法改变,所以我没得选择,只能接受。这听起来有种听天由命的味道。赋予新的解释则是积极的。我可以选择改变对某事的看法,这样便能心安理得,自在、友善、喜悦地面对那被我赋予新意义的情境了。

十一月六日

死亡是什么?只有我试着毫无保留地去爱,义无反顾地向善,追求心中的渴望,才能知晓死亡的奥秘。我的爱与喜悦、希望与渴慕,在这世界上不会终结,直到死亡,它们才会完满。希望直抵死亡的彼岸;而爱,包含着永恒,它超越死亡。

十一月七日

离别让人伤心。同一个你喜爱的人离别,会让人伤心。即使伤心,却仍须离别。我们不能将那人牢牢绑住。他要走他的路,他也必须走他的路,这样,他才能继续生活。人生中,我们面临千百次离别。我们因为要去另一个地方念书,因为在别处找到了一份工作,因而要同自己熟悉的环境分别。每次改变都会带来分别。但只有分别了,我们才能真正开始新的旅程,才能在心中孕育出新的东西。许多人巴不得把自己亲爱的人都绑在自己身边,想要永远维持一段友谊。人与人之间的友谊,本来就有一些只能维持一段时间。出于义务感也好,不想伤害对方也好,友谊就这么维持着,可实际上已是名存实亡。其实,这便是该告别的时候了。这样,我才算是公平地对待对方。我相信他能调整自己。而我,也能开始自己新的旅程。

十一月八日

人到中年,就已经要让自己熟悉死亡了。人要有意识地接受自己的生理曲线开始走下坡路这个事实,这样,才能让自己的心理曲线继续朝着自我意识形成的方向上升。荣格(Jung)说过："只有从中年开始就愿意同生活一道死去的人，才能保持生命的活力。"

十一月九日

我们相信，只有在死亡中我们才会放下自己，才能接受永恒神性生命出乎意料的新。而我们却难以放下自己。直到濒临死亡的时候，许多人才感觉到，自己是多么地眷恋着生。吊诡的是，正是那些总是在抱怨生活之艰难、自己过得多么不如意的人，临近死亡之时，却会倾尽全力地紧紧抓住生命不放。

十一月十日

思考死亡，也便意味着，反思我们该如何在当下学习生活，反思我们该如何生活，才能让自己在日常的忙碌中得以休息。对永生的渴望不应让我们抛开当下的生活，而恰恰应该促使我们真正地生活。

十一月十一日

快乐可以传染。和一个快乐的人在一起,我们自然不会谈论世界末日,也不会悲叹世界的现状。对现世的具体状况,快乐的人不会视而不见,可他不会驱赶黑暗。快乐的人从另一个角度看待一切,说到底就是从灵的角度看待一切。因为灵能够让人看清阴暗面,直到抵达神光明的根基。

十一月十二日

人生有其目的地。年轻的时候,人活着是为了能在世上闯荡出一片天地来。中年的时候,人生的目标发生改变,人活着,不在于巅峰,而在于山谷,山谷是登山道的起点。人应当朝着这个目的地前进。谁若不这么做,谁若拼命抓住人生的某个节点不放,那他生命的心理曲线便丧失了其同生理曲线之间的联系。"他的意识悬在空中,而其下方的抛物线则开始以加速度下降。"害怕死亡归根到底是不愿再活。这是因为,只有接受生命是朝着死亡而去这一法则的人,才能活着,保持活力,才能成熟。

十一月十三日

许多人并不愿意向前展望生命的目的地死亡,而宁愿回首过去。面对一个三十岁了还不停回望童年、幼稚天真的年轻人,我们都会感到惋惜。而与此同时,我们的社会钦佩并赞赏那些看上去像年轻人,其行为表现也像年轻人的老人。荣格则说,"两者都是反常、风格不协调的心理反自然现象。不进取、不取胜的年轻人,错过了他青年时代最好的东西;而不懂得倾听从山顶流泻至谷底山涧的奥秘的老年人,则意义尽失,只是一具凝固着过去的精神木乃伊。他已经离开了自己的人生,像机器一般重复着自身,直到腐朽。需要这种阴暗人物的文化是何种文化啊!"

十一月十四日

梦见已故之人,大约是需要我们再度回首自己同已故之人间的关系,特别是当梦中的已故之人给人一种悲伤的印象,对我们欲言又止,心里仿佛缺些什么的时候。还有一些梦中,已故之人向我们展示着他们所代表的我们的根。他们的经验,他们的爱与力量,以及他们经受生活考验的方式,我们都与之共有。这样的梦境告诉我们,即便是死后,相爱之人之间还是能保持一种活的关系,连死亡也不能隔绝相爱之人。梦中,已故之人就像是于我们有益的陪伴者,或是能给我们或许会被我们自己忽视之事些许提示的人。无论如何,梦见早已故去之人总归是一项邀约,让我们重新关注故去之人。

十一月十五日

现在,有许多人都不再哀悼已经逝去的亲爱之人。他们用忙碌来掩饰自己的哀痛。然而,没有得到彰显的哀痛阻挠着我们,它会在我们心中扎下根来,让我们无法活在当下,它阻止我们的生命继续流淌。我们每个人都曾体验过失去与离别。我们只有哀悼逝去之人,才能获得新生。只有通过哀悼,我们才能同离自己而去的人建立一种新的关系。

十一月十六日

悲伤让心干涸,夺走它的活力,让其空乏。而哀悼却用眼泪来表达自己,在哭泣不止中洗涤自己的罪。悲伤毁坏或麻痹,而哀悼则孕育果实,延续生命。彭迪谷认为,拥有不愿流泪的灵魂是懒惰（acedia）的标志。他建议每次祷告开始的时候，人们最好都祈求得到流泪的天赋，"这样，你才能通过哀悼软化自己灵魂中坚硬的部分"。

十一月十七日

哀悼的时候，我忍受着自己的孤单与失望。我并不排斥哀悼，我经历着它。哀悼随着泪水倾泻出来，泪能洁净我们，让我们得到自由，让新的生活得以成长。僧侣们都说，悲伤是干燥的，它孕育不出果实。在悲伤中，人只能哭哭啼啼地围着自己打转。而经历过的哀悼则将人带往具有新品质的喜悦与活力。经历也意味着，哀悼是在人际关系中经历的，哀悼是应向他人展示出来的。人际关系于是变得具有治愈力。若独自哀悼，人便会很容易沉浸其中。

十一月十八日

哀悼并不意味着，我们沉浸在失去亲爱之人的悲痛中。哀悼是更积极的。哀悼的时候，我同亲近亲爱之人告别。哀悼的时候，我弄清楚自己同已故之人的关系。我寻求与其建立一种新的关系，而这是通过叙述来展开的。我们相互讲述着,死者对我们而言意味着什么,死者在其一生中又向我们展示了些什么。哀悼的目的在于,找到自己同自己、同世界之间新的联系。

十一月十九日

希腊人获得慰藉的方式首先是演讲和讲话。话语为失去首先所造成的无意义重新赋予了意义。然而,话语不能仅仅是劝慰。劝慰只是从对方的旁边经过,话没说在点子上。在劝慰的过程中,我并不是好好劝说,而只是环顾左右而言他。我随口说些连我自己都不确信的事情。我嘴里念念有词,然而这些话既不能给人带来支撑,也无法赋予意义。慰藉则意味着,同对方说话,说触动对方的话,说只有对方能听懂的话,说深入对方心灵的话。慰藉意味着,将心比心地说话,说心里话,不说空洞的辞令,说打动对方心灵的话,为对方打开新的视域,并给予对方坚定的立足之地。

十一月二十日

哭泣的时候,我让自己的情绪得到宣泄,如此,我才能更好地理解自己、邻人与神。"只有懂得感受的人,才有真正的理解。谁若不懂得感受,就既无法理解他人,也无法理解自己。"

十一月二十一日

人在勇敢之中成长。他变得睿智坚强。你无需证明自己的勇敢。你也不需要在每件事上表现得坚强。有些人,自信满满,却无法在危险中保持清醒的头脑,最终他们仍是弱者。有些人,谨小慎微,但在面临挑战的时候他们能够经受得住,他们会在具体的情境之中变得勇敢,他们知道是神将自己置于这样的情境之中。要相信,在你需要的时刻,勇敢天使会来保护你,让你变得坚强。

十一月二十二日

哭泣可以将人从胸中郁积着的快要决堤的情绪中解脱出来。眼泪可以缓解伤痛。伤痛的时候,哭泣让人重获自由。哭泣成了忍受那看似在苛求一个人,会压垮一个人的伤痛,并对这种伤痛做出回应的唯一可能。我们不知道还能有什么回应方式了,无法用言语举止来回应,只能哭泣,在哭泣中放下自己,容许伤痛,同时将其分解,使其转向。哭泣让人放松,缓解并治愈伤痛。泪水一下子成了解放的、拯救的、让人得福的泪水。伤痛突变为喜悦。人在内心最深处体验到幸福和喜悦,那是一种即便伤痛也无法威胁其存在的幸福感,是一种失望与失败都无法触动它的喜悦之情。

十一月二十三日

悲伤中,我们怜悯自己,满脑子想的都是自己所面临的问题,而并没有寻求真正的帮助。最终,我们享受起自己的悲伤来,我们牢牢抓住它,我们需要它,为的是不用改变自己。下面这些语句见证着悲伤的错位:"我觉得很艰难。没有人关心我,我是个失败者,我不行了。没人喜欢我。我尽遭遇坏事。我永远也做不好。"悲伤的缘由往往在于我们对自己和自己的处境期待过高,永远不满足于自己对成功和财富、关切和认可的渴望。而夸张的愿望没有得到实现,于是我们觉得自己受到了伤害和侮辱,在悲伤中抑郁不已,并用这样的方式来迫使旁人关心自己……

十一月二十四日

如今,我们想尽办法来避免不乐意和不幸。我们自我屏蔽这样的感受,把它当作内心和谐的一种报偿。然而,这却无疑将我们引入"情感平淡、生活匮乏"的状态中去。无法承受不幸的人,也无法享受欢欣喜悦。"没有不幸的地方,也便没有巨大的幸福。人会变得无聊与空虚,然后就会寻找替代品。"规避痛苦的人,也就无法去爱。这是因为愿意受伤的人才懂得去爱。哭泣的时候,人敞开心扉面对痛苦,不是为了享受痛苦,而是为了承受痛苦,接受它,然后消化它。

十一月二十五日

神的天使会在死亡中陪伴我们,将我们交付给神爱的双手。这样的想法对小孩子们而言毫无问题,他们就生活在天使的世界之中。他们相信,天使会在死后将他们送回亚伯郎的怀抱,他们会在神母爱的怀抱中死去。死亡同出生相关,同母亲的怀抱相关。我们会在那里找到永恒的安全感,那是我们在此世一直渴求,虽然时不时总能体会到,却又脆弱而易逝的安全感。死亡让我们能够永远在神母爱的怀抱中安息,让我们在神爱中享受恒久的喜悦。

十一月二十六日

我们在这世上,一生都会有位守护天使陪伴;人生道路上,他保护着我们;他总是鼓励我们真真正正地生活;他为我们疗伤,将我们从禁锢中解救出来;即便在死亡之中,守护天使也不会离开我们。这是多么令人感到慰藉的一幅图景呀!他会陪伴着我们安全地穿越那自古以来就让人恐惧不已的死亡深渊。到那时,他才算圆满完成任务,才能永远回归天使们的合唱团中,在天堂里吟颂着神的永恒赞歌。天使在我们与死亡搏斗之时亦不会弃我们而去。有天使在身边,就连死亡也不再让人恐惧。在我们无能为力的时候,在我们面对伤痛与孤单的时候,守护天使总在我们身旁。我们不会独自穿越死亡之门,会有一位守护天使陪伴着我们。

十一月二十七日

传统的亡者祷词中,我们通常会祈求他们能够得到永恒之光的照耀。死亡对我们而言,总有些黑暗、不可解释、无法看透的意味。然而神就是光。因而永恒的生命便是永恒的光、永恒的明亮与美好。我们在这世界上通过艺术而渴求的一切,和谐、明亮、绝对的美好,这些都会在永恒生命中赠予给我们。

十一月二十八日

放手的目的是新生。死亡既是完满的放手,又是全然的新生。夜里,我们若梦见自己病入膏肓,奄奄一息,那么,这梦便往往意味着我们的身份发生了转变。我们必须放下旧的,这样新人才能降生。尽管我们在理论上十分了解"旧的不去新的不来"这一道理,但事实上,这一点却很难做到。放下自己的力量,同自己正在逐渐衰弱这一事实和解,这并非易事。放下朋友,让他们去走自己的路,也并非易事。放下自己,放下我们的角色与身份,这更非易事。我们不知道,放下之后会发生什么。在陪伴他人的过程中,我常常能体会到,当有人必须卸下一直以来为保护自己免受人生的伤害而为自己量身打造的铠甲,他们会作何感受。认识到这副铠甲其实会将自己从生活中隔离出去,要走出这一步,要放下自己原有的身份,这实属难事。他不知道,接下来会发生什么。他已经十分熟悉旧有的一切,他在那里游刃有余,尽管也会常常为其所累。而新的一切最开始都让人害怕。

十一月二十九日

我想要邀请你一同进行下面的练习:设想你濒临死亡。想想看,你还想给谁写信。然后,你就去把这封信写下来,告诉那人你愿意在生命中传达什么信息,你的生命原本应该表达些什么。你不必害怕说大话,我们永远不会将自己内心最深处所渴求的完完全全活出来。但思考一下人生的指导思想,对我们仍不无益处。我每天早晨为何要这么早起床?我为何要承受生活所带来的一切烦恼?每次与人相遇,我想传达一些什么?人们应从我,从我的身体与灵魂,我的内心、双眼与言语中读出些什么来?我人生最深层的动机是什么?我想要留给人们的遗愿是什么?请你保存这封信,这样你就能时不时清楚地认识到,此时此刻,自己在这个世界上先知性的任务是什么?你内心最深处的信息是什么?你以你的整个生命想要传达给世人的又是什么?

十一月三十日

泰然处之也是在要求放弃自己。我不应牢牢抓住自己不放手,既不应抓住忧愁不放,也不应抓住恐惧,抓住抑郁的感觉不放。许多人都死死抓住自己所受到的伤害不放手。他们放不下这些。他们将其作为对那些曾经伤害过自己的人的控诉。可是如此,他们其实是拒绝了生命。我们应该学会放下自己受到的伤害与侮辱。你需要泰然天使的陪伴,他能教你同自己保持距离,退回后方,站在自己的另一边观察自己的生活。

十 二 月

十二月一日

圣埃克苏佩里(Saint-Exupéry)说过:"欲造船,必先教人渴望海洋。"渴望当中暗藏着一种力量,让我们能够十分具体地塑造乌托邦。渴望促使中世纪的人们建造高耸的教堂,这种建筑艺术正是因渴望而生的。音乐亦是靠渴望而生,它开启一扇通往天堂的窗户。各种艺术最终都只是永恒的预演,是尚未存在之物的显现,是渴望全然不同之事物的表达。渴望有一种能炸裂混凝土、击碎铠甲的能量,而这混凝土和铠甲的围墙却是我们自己筑起的,为的是同另外一个世界隔离开来。渴望敞开了我们这个狭小的世界,为我们打开了地平线。面对生命中骇人的事实,渴望不会自我封闭。它让我们追寻希望,而希望则让我们毫不怀疑地看清事实。

十二月二日

基督降临节可以成为一段将我们的嗜好转变为渴望的时间。我们每个人都知道嗜好是什么,嗜好就是内心的依赖性。酒瘾、毒瘾、药物依赖、工作狂、占有欲、性瘾、游戏瘾,这些都是显而易见的嗜好。只要我们对某种行为或某件事物产生依赖,我们的内心就会产生一种上瘾的结构,就无法离开那种行为或那个特定的事物。而若我们仔细检视自己的瘾,我们能在其中发现渴望。这告诉我们,我们的渴求是超出日常平庸事物之外的。说到底,这其中其实潜藏着对故乡与安全感的渴望,对失落乐园的渴望。

十二月三日

基督降临节花环上共有四支蜡烛。最初,这些蜡烛仅是用来计数,代表基督降临节的四个主日。每个主日一到,就再点上一支新的蜡烛。随着点燃蜡烛数量的增加,对圣诞节的期待也越来越深。但同时,"四"也是个象征性的数字。四象征着四大元素,也象征着四个方向。象征数字四乃是正方形,是一切有序事物的化身。如果四支蜡烛在圆形的花环上燃烧,则代表着一切矛盾的统一:圆形与正方形统一在一起。俗话说,将圆形化为等面积的正方形,是超出我们能力之外的,是不可能完成的任务。我们无法完成的事情,基督却能完成,就在基督降临的时候,在他进入我们心灵的时候。

十二月四日

许多地方的人在圣芭芭拉庆日都会剪下樱树枝,拿回家放在水里养着。这样,到了圣诞节,樱花便会盛开。自古以来代代相传,这已成了习俗。在严冬的寒冷与黑暗当中,枯木若得了活水,便可发芽开花。12月25日是冬至之日,这便是生命的信号。对我们的内心来说,亦是如此。若我们在梦中看见冬天的景象,这便也是我们灵魂状态的一种表达。梦见冬天,说明我们的心已变凉。心是凉的,情感也冰冻了。我们心中已无生命。芭芭拉樱枝意在增强我们的希望,人生的寒冬之中,新的生命蓄势待发。

十二月五日

德语中的"等待"(warten)一词,其本意是住在"瞭望台"(Warte)上。"瞭望台"顾名思义,就是瞭望之地,瞭望之塔。

等待的意思便是瞭望,看是否有人前来,四下张望,看我们都面临着什么。等待的意思还有关注、看护,就像"看护人"一般,照管某人,留心某人。对我们而言,等待的意味有二:视野的远阔与对当下所经历之人之事的警醒。等待让我们的心胸更宽广。等待的时候,我感觉到自己还没有准备就绪。每个人都知道等待朋友的那种滋味。每分钟他都急切地看表,看朋友抵达的时间是否已到。他期待着朋友下了火车来敲门的那一刻。要是朋友没来,是别人站在门口,我们会是多么的失望。等待让我们生出心痒的紧张感。我们感到自己尚未准备就绪。在等待之中,我们寻思着那让我们的心怦怦直跳、即将实现我们渴望之事。

十二月六日

圣尼古拉日是孩子们的节日。随着时间的流逝,这位圣徒的故事经历了不少篡改,然而对我们来说,重要的是要了解此人原本的秘密。

尼古拉是一位父亲式的人物。当别人有难,他会尽力帮助。他具有同情心,默默帮助别人。在不少地区,他都被看作是一位在危难之时可以向其求助的人。尼古拉能给你勇气,能像你的父母那样支持你。你心目中的模范父亲,是一位能助他人一臂之力,鼓起他人求生勇气的父亲。你心目中的模范母亲,是一位能为他人提供安全感和故乡,抚育并治愈他们的母亲。在你心目之中,还有一位正直而公义的人,他始终对他人的苦难抱有同情心。圣尼古拉日赠予人糖果的习俗是很有意义的。做人不应只顾自己,还要顾及那些饱受生活苦难的人。也许,尼古拉唤醒了你心中的无限想象,让你思考着怎么才能让他们的生活变甜。

十二月七日

梦的功能在于让我们直面自己人生的真相,让我们叩问真相,并做出正确的回答。梦还能开启我们展望未来的双眼,好让我们向它靠拢。

十二月八日

等待的过程中,最激动人心的是什么？等待着一位亲爱之人到来的时候,你会作何感想？你的生命中出现了新的事物。你将得到馈赠。你期待着那人的到来。你感觉自己充满活力,心中涌起了强烈的情感。并不是你独自在等待。你也是被期待之人。有人等待你的时候,你作何感想？别人对你有所期待。这些期待可能会限制你。但若没人再对你期待些什么,你会觉得自己是多余的。基督降临节就是要邀请你,在等待的过程中扩展你的心灵,做一个被期待的人。你是珍贵的。有许多人正等待着你。

十二月九日

谁若是不能等待,谁就无法拥有强大的自我。这样的人急于立刻满足自己的每一个需求。但这样,他便完全依赖于自己的每一个需求了。等待则可以让我们的内心获得自由。如果我们能够等待,直到自己的需求得到满足,那么,我们也就能够忍耐这等待所带来的紧张感。这会让我们的心胸变得开阔。除此之外,它还能让我们感到自己的人生不再平庸。我们发觉,如果我们在等着某种神秘之事的发生,那我们就是在等着自己最深切的渴望得到实现。于是,我们也认识到,我们竟比自己能给予自己的还要多。等待告诉我们,我们身上最本质的,必定是被赠予我们的。

十二月十日

基督降临节的时候,我们喜欢坐在一支点燃的蜡烛前,在烛光中找到平静。自此,蜡烛也对人有了一份别样的吸引力。烛光是一道温柔的光。相比起那明晃晃的氛气照明,烛光只能照亮房间的一部分,总有些地方光线昏暗。烛光温暖且宜人。它并非功能性光源,无需均匀地照亮一切。蜡烛所发散出的光线,从最开始就有一种神秘、温暖且爱意充盈的气息。

十二月十一日

我们总是在基督降临节听到些慰藉的话语。亨德尔(Georg Friedrich Händel)在《弥赛亚》的一开头便写下了明显是安慰自己、将自己从抑郁之中解脱出来的文字:"'你们安慰,安慰我的百姓罢!'你们的神说。你们应向耶路撒冷说宽心的话,并向她宣告:她的苦役已满期,她的罪债已清偿。"(依40:1以下)对我而言,基督降临节第一主日聆听《弥赛亚》的开头乐章,通过音乐将这些慰藉之话铭记在心,已成为我在基督降临节必行的礼仪。

十二月十二日

基督降临节在我们内心所唤起的慰藉景象,是一种特有的思乡之情。这并不是在圣诞欢乐节庆之时回到家中,这更是哪怕有黑暗,有孤独,有不理解、伤害与屈辱,仍旧回到家中。我在让我感到亲切的地方,感受着自己的存在那种熟悉的安全感。在那里,我才敢直面自己的真相,因为我的悲伤得到了安慰,因为我穿越悲伤,找到了可以让我巍然屹立的慰藉,"位于一切之上的慰藉"。

十二月十三日

基督降临节,许多人在都会用这期间的忙乱来麻醉自己。他们想要写完这一年以来拖欠着没有回复的书信。你倒是可以试着逆此自我麻醉之举而行,在基督降临节,有意采取另外一种态度。穿梭于城市中熙熙攘攘的步行街,你就会发现,许多人受到这种驱策是多么地不必要,又有多少人在忙乱中与自己的本真擦肩而过。警觉与清醒将使你明白,圣诞节期间,究竟什么才是最重要的。

十二月十四日

德语中,"安静"(still)一词来源于"安放、静置不动"(stellen, unbeweglich stehen)。首先需要停止,而后方可安静。我必须停止奔跑,停止奔忙。我必须站立不动,保持不变。若我安静,便可首先同自己相遇。如此一来,我便不能再将自己的不安向外转移了。我会切切实实地感到自己内心的不安。只有忍受住内心不安的人,方可享得安宁。"安静"也同"哺乳"相关。母亲喂养孩子,让饿得直哭叫的孩子安静下来。我也应该让自己那在内心大声叫喊的灵魂安静下来。若我不在外面跑来跑去,那我的内心就会感到饥饿。我的心大声呼叫,因为它得不到满足,它需要给养。我必须像母亲一般照管我的心灵,这样它才能得到安宁。许多人却害怕自己嘈杂喧闹的内心。他们宁愿从一处跑到另一处,好分散自己的注意力。可他们的心仍旧大叫,它没有被分散注意力。它需要有人来关心,有人来喂养。

十二月十五日

　　沉默之中,我沉静下来,省察自己。这条深入灵魂深处的道路,穿越了我昏暗、恐惧与孤独的黑夜。我从那个用来管理和安排自己生活的安稳的国王宝座上走下来,一直走到自己灵魂的深处。因为,只有在那里,神才能生于我心中。只有在我内心深处,在这个表面的喧嚣无法深入的地方,神才愿意降生为人。

十二月十六日

你还可以尝试着在基督降临节有意地为某个人斋戒一天。斋戒的时候,你可以为此人设身处地着想一下,想想他需要什么,什么让他高兴,什么让他苦闷,他又渴望着些什么。斋戒让你整日都想着那个你为他守斋、为他祷告的人。这并非在脑海中自由表述的代祷,而是有血有肉的代祷。你以自己完整的存在,以自己的灵与肉为此人全力以赴地代祷。

十二月十七日

在许多童话中,人都可以许下自己的愿望。大多数时候,人可以许下三个愿望。但是要许愿说出真正能够帮得上自己的事情,却并非易事。大多数时候,人最开始都有太多愿望,他都不知道该先说哪个好。如此,他便纠结在自己的这些愿望当中。在某个童话里面,主人公的第一个愿望是希望能有好天气,永远不再下雨。可他立刻意识到,这样一来,就什么都长不出来了。他便许下了第二个愿望,希望只有晚上可以下雨。可这个时候,守夜人不满了。到了最后,主人公的第三个愿望还是让一切保持原样。他许下的三个愿望实际上都落了空。我们到底有什么愿望？我们究竟需要些什么？我们追求些什么，又想要赢得些什么？

十二月十八日

现在，有些家庭中间，家人间约好圣诞节不再互送礼物，因为大家都不缺什么。这种约定当中自然包含有某种健康的态度，可如此一来，圣诞节便也成为了礼物上的苦行，这只不过是缺乏想象力的表现。互送礼物其实本是爱意与鲜活的相互关系的象征。

十二月十九日

布施可以战胜占有欲。爱与占有欲无法并存。因此，我们应该有意地培养自己布施与馈赠的习惯。

十二月二十日

如果说，圣诞佳节，神馈赠人类，那么，人与人之间是否也应互相馈赠？馈赠他人之时，我们其实表达了自己才是受赠之人的意思。德语中,"赠予"(schenken)一词的本意原是给人一些喝的东西。直到今天,我们都还使用这个说法,说给人斟酒(einschenken)。馈赠的意思便是说,如果他人口渴,我们就给他饮水,让他止渴。不口渴的人,自然也就无需给他水喝。现在,倒是不再有那么多人渴望得到甜食、红酒、衣服、家用电器这样的礼物。因为大家都不缺这些。然而,我们每个人都渴望爱、关心与尊重。这么说来,如今大多数人都渴望得到的礼物,是爱的表达。如果我将自己的一份心也放入礼物当中,那这份心也必定传达给对方,满足对方的渴望。

十二月二十一日

如果说,有那么多人都会在圣诞时节回想起自己的童年,那么,这便不仅仅是怀旧而已。这背后还隐藏着一份对生命的安康开端的向往,以及对乐园的渴望。起初,一切都蒙受光照,变得明亮。而现在,对幸福生活的约定又回响起来,约定有可能成真。

十二月二十二日

圣诞节意在让你回忆起你心中的神子。在这世上的寒冷与异乡之中,圣诞节坚守着它的那份独一性。它意在让人相信神性的存在,而这神性都只能通过你来表达。在心灵的深处,你怀抱着神子。若你倾听自己的内心,便会清楚地感受到,什么对你来说才是好的,是对的,什么是只有在别人告诉你之后你才会接受的。只有同你心中的神子沟通,你的人生才是真实的,才能获得一丝孩童般的无拘无束。你不必辛苦地将自己在童年所受到的那些伤害都加以思考,你尽可以当个受伤的孩子,相信神子,相信那条使你一直生活到现在的线索。

十二月二十三日

在世上所有的民族当中,树都是生命的丰饶与源泉的重要象征。古希腊罗马时代,每种树都各自代表着一位神祇。《旧约》里,乐园之中有生命树和知善恶树。基督宗教里,生命树的意义在十字架中得到了实现。十字架是为我们带来生命的树,它从不枯萎,因为基督曾被钉在架上。此树连通了天与地。它深深植根于大地之中,从大地母亲处获得力量。与此同时,它向天而生,树冠亦向上展开。这便是人应当有的模样,他也像树一般,扎根大地,可谓顶天立地,如同国王头顶王冠。树有浓荫,这是母亲的象征。而树干则通常是阳具的象征。如此一来,树便集雌性与雄性的特征于一体。它不但连通天与地,还结合男与女。

圣诞树具有树的几个一般象征性特征。其一是连通天与地。圣诞节的时候,神取消了天与地的界限,天国降临人间。其二则是已被砍下的树又重新发芽吐绿,此象征肯定也对基督宗教产生了影响。先知伊撒意亚预言了默西亚的再度降临,他预言说,叶瑟(Isai)的树干将生出一个嫩枝。而圣诞树则形象地表达了这一预言。恰恰是在我失败的地方,在我必须割舍些什么的地方,在路已经走不通的地方,基督的降生让我确信,我又获得了些新的什么,有什么东西在我的心中发展壮大,那是比到现在为止都要真实与美好的事物。圣诞树是一幅生命的图景,因为基督的降生,生命就此得胜,这是冬日的严寒所无法阻挡的。

十二月二十四日

我还清楚地记得,儿时的我们曾经如何在圣诞前夜等待着耶稣圣婴的到来,等待着送礼物的时刻来临。那是一种独特的紧张感。我们跟父亲一道在黑夜里散步,注视着万家灯火。然后,我们回到家中,在楼上卧室里等着,直到圣诞钟声敲响。走向那只点着蜡烛的起居室途中,我体验到一种极其神秘的感受。儿时所经历的情境深深印刻在我的灵魂之中。直到后来,我们再言及过去的感受,都还能有一种在家的感觉。每次等待之时或许都有着圣诞节时那种等待的踪影,因为我们知道,所等之人之事的到来会让我们的生活更加明亮,更加安康。

十二月二十五日

就让圣诞天使带你进入无拘无束的存在,充满喜悦的生命。就让天使们告诉你,你是为神所喜爱的。那时,你或许还能长出羽翼,随着天使们一道翱翔于惨淡的现实上空,连天国之门都在你头顶之上敞开。圣诞画上的许多天使中,定有一位是特别为了你而存在的,只为你一人宣告这大喜之消息,告诉你救主就要为你而诞生了。

十二月二十六日

如果所有的时间都一样,那所有的时间都会失去意义。如果主日和平时一样,那平时也会变质,会变得空洞虚无,变得毫无意义。在今天这样一个无意义感泛滥的年代,无意义的感觉有一部分也来自于我们不再庆祝那些历史悠久的节日,那都是些有大事件发生的日子。那样的日子里,一切事物的意义都会被照亮,因为我们知道,神在这些日子里触动了我们。节庆的日子里,其余的日子也都蒙受光照。它们随之获得了另外一种质量。

我们常听人找借口说,他无法伪装自己的感受,无法只等着听从别人的命令,也无法仅仅因为现在是圣诞节就感到开心。可我们没有必要因为是圣诞节,就硬要沉浸在喜悦感之中。圣诞节的意义更在于,让我们参与到一个不以我们自身为转移的奥秘之中,让我们就带着当下的心境与这个节庆面对面。节庆之时会发生什么事情,并不由我们掌控。但无论如何,节庆对我们来说总是好事。如果不这样,我们便还是碌碌地活着,维护着我们内心的那种无聊无趣、毫无意义的感觉,而不对其探问个究竟。节庆就像一面镜子,让我们在其中仔细看清自己。如果圣诞节让我们感受到自己深切的寂寞,那么,它也算有了意义。通过节庆,追问自己孤寂的根源,也总好过一再回避。疾恙应从根子上得到治疗。

十二月二十七日

圣诞节的景象触动着我们生存的基础。它们意欲带领我们追寻生命的根源,让我们回首逝去已久却又留存在我们灵魂深处的时光。那里不光有我们自身的恐惧与渴望,还反映出至今仍影响着我们生活的集体无意识,哪怕我们以为自己只会对当下提出问题。我们的灵魂希望能在根源之处,被原初的景象所治愈。灵魂在神的治愈力的疗养浴场获得浸泡,而治愈力正暗含在这些原初的景象之中。

十二月二十八日

我们应该有意识地度过年终岁首的时光,冥想自己究竟是谁,来自哪里,我们的人生应是怎样,威胁与治愈我们的是什么,让我们恐惧的是什么,而我们的信任又能带来些什么。新年伊始,我们总是盼望着自己的人生也能焕然一新,越来越红火。每当此时,我们总会在圣诞节庆的景象之中转向自己人生的根源。如此,我们的人生会在根源处得到更新,内心的源泉会重新涌动,它不再干涸,我们始终能从中汲取力量。因为,此源泉来自于神,流向我们的心间。只有从深处发端,注意到我们肉体和灵魂的所有角落,考虑到我们内心的深渊、关于异教魔鬼的知识、魔法的思维模式,顾及到我们最初的恐惧与渴望,才能有新的开端。不潜入深处,就无法获得生命的更新。

十二月二十九日

人们有一种不仅用酒精与烟火来辞旧岁的需求,还希望在神的面前好好清算一下过去一整年,看看自己都获得了哪些收获。人们想在脑海中将过去的一年重放一遍,为那些已经成功的事情、为自己所得的馈赠而感谢神,为那些不完满的事情、甚至为自己的罪责而恳请神,求他的怜悯。我们在神面前,满怀感激地回首过去之时,过去并非从我们身边流过,而会成为我们的一部分,这就如同树木每年都会长出一圈新的年轮一样。我们感受到自己都收获了些什么,神曾在哪里引领着我们,守护天使曾在哪里陪伴着我们,我们又有哪些新的变化。冥想过往的一年,我们就离自己生命原本的奥秘越来越近。我们在注目具体事件的同时,也体会到自己究竟是谁,什么才是我们的本质。

十二月三十日

你庆贺岁序更新。在你身上,有些东西在发生转折,在起变化。你在发生变化。你可以希望自己会变善,希望神会宽免过去一年中你所承受的那些罪责,会仁慈地待你,使下一年变得更好。你盼望神善良的大手会在新的一年将你托起,引领你,盼望神的关怀能转变那被歪曲、相互交织而阻碍你生命之河的一切。让我们拆散它们、挣脱它们。关怀你自己吧,相信你的转变过程,你会在新的一年发生转变。你会与神给你的最初肖像越来越接近。如此,你才能活得和谐,活得真切。

十二月三十一日

我们活在当下的时候,过去与未来便会统一起来。我可以试着在沉默中完完全全活在当下。我感受到,时间与永恒乃是统一。时间最深的秘密便是永恒自会进入我们的时间,是时间的流逝在当下被消解,时间看似静止了。于是,我们感受到天与地,时间与永恒,神与人的统一。

思雷修(Angelus Silesius)将此感受付诸笔端,其诗句让人无法忘怀:

> 时间似永恒,永恒如时间,
> 只是你无法道出其中分别。
> 若我离开时间,将我归入神,
> 将神归于我心,则我自是永恒。

图书在版编目(CIP)数据

如何过好每一天 /(德)安塞尔姆·格林著;晏文玲译.
—上海:华东师范大学出版社,2014.5
ISBN 978-7-5675-1549-9

Ⅰ.①如… Ⅱ.①格… ②晏… Ⅲ.①人生哲学—通俗读物 Ⅳ.①B821-49

中国版本图书馆CIP数据核字(2013)第309406号

华东师范大学出版社六点分社
企划人 倪为国

如何过好每一天

著　者　(德)安塞尔姆·格林
译　者　晏文玲
审读编辑　温玉伟
责任编辑　彭文曼
封面设计　吴元瑛
出版发行　华东师范大学出版社
社　　址　上海市中山北路3663号　邮编　200062
网　　址　www.ecnupress.com.cn
电　　话　021-60821666　行政传真　021-62572105
客服电话　021-62865537
门市(邮购)电话　021-62869887
地　　址　上海市中山北路3663号华东师范大学校内先锋路口
网　　店　http://hdsdcbs.tmall.com
印刷者　上海中华商务联合印刷有限公司
开　　本　787×1092　1/32
印　　张　7
字　　数　80千字
版　　次　2014年5月第1版
印　　次　2014年5月第1次
书　　号　ISBN 978-7-5675-1549-9/B·817
定　　价　29.80元
出 版 人　朱杰人

(如发现本版图书有印订质量问题,请寄回本社客服中心调换或电话021-62865537联系)

Published in its Original Edition with the title
Vergiss das Beste nicht by Anselm Grün
978 - 3451059070
edited by Anton Lichtenauer
Copyright © Verlag Herder GmbH, Freiburg im Breisgau 2007
This edition arranged by Himmer Winco
© for the Chinese edition: East China Normal University Press Ltd.

本书中文简体字版由北京Himmer Winco文化传媒有限
　　　　　　　　　　永　图　興　碼
公司独家授予华东师范大学出版社,全书文、图局部或全部,未经同意不得转载或翻印。

上海市版权局著作权合同登记　图字:09 - 2013 - 444 号